食品标准化生产与质量控制

刘志梅　韩　笑　郑亚巍　著

经济日报出版社

北　京

图书在版编目(CIP)数据

食品标准化生产与质量控制 / 刘志梅，韩笑，郑亚巍著. -- 北京 : 经济日报出版社，2024.10
ISBN 978-7-5196-1445-4

Ⅰ. ①食… Ⅱ. ①刘… ②韩… ③郑… Ⅲ. ①食品加工—标准化②食品—质量控制 Ⅳ. ①TS205—65 ②TS207.7

中国国家版本馆 CIP 数据核字(2024)第 013357 号

食品标准化生产与质量控制
SHIPIN BIAOZHUNHUA SHENGCHAN YU ZHILIANG KONGZHI
刘志梅　韩　笑　郑亚巍　著

出　　版：经济日报出版社
地　　址：北京市西城区白纸坊东街 2 号院 6 号楼 710(邮编 100054)
经　　销：全国新华书店
印　　刷：北京建宏印刷有限公司
开　　本：710mm×1000mm　1/16
印　　张：10.25
字　　数：145 千字
版　　次：2024 年 10 月第 1 版
印　　次：2025 年 1 月第 1 次印刷
定　　价：58.00 元

本社网址：www.edpbook.com.cn　　微信公众号：经济日报出版社

前言

民以食为天，食以安为先。食品生产的质量安全直接关系人们的身体健康和生命安全。因此，我国政府始终坚持以人为本，高度重视食品质量安全，一直把加强食品质量安全管理摆在重要的位置，不断完善食品生产标准，推进食品生产标准化。食品生产标准化是全面提升食品质量安全水平、保障消费者健康和权益的关键，是提高国家食品产业竞争力的重要技术支撑，是实现食品产业结构调整的重要手段，是国家食品质量安全监督管理、规范市场秩序的重要依据。食品的质量与安全理所当然地受到群众、企业、社会和政府的普遍关注和高度重视。

目前，我国食品工业已进入快速扩张与高速发展的战略期，基于此，本书对食品标准化生产与质量控制进行了研究，内容包括食品标准化生产概述、肉制品及其标准化生产、调味品及其标准化生产、食品质量控制、食品安全生产加工管理。本书可供广大食品标准化生产与质量控制相关从业者参考借鉴。

本书的撰写得到了许多专家学者的帮助和指导，在此表示诚挚的谢意。由于水平有限，书中所涉及的内容难免有疏漏与不够严谨之处，希望各位读者多提宝贵意见，以待进一步修改，使之更加完善。

第一章　食品标准化生产概述

第一节　食品生产

一、食品生产的概念

食品生产包括食品原料的生产和加工，是指把食品原料通过生产加工程序，形成一种新形式的可直接食用的产品。食品生产过程是将食品原料及半成品进行一系列化学和物理的处理，生产出预期的产品，并获得附加值的过程。如小麦经过碾磨、筛选、加料搅拌、成型烘干，做成饼干，就是食品生产的过程。对于食品来说，绝大多数的食品生产均是对天然食物的加工。

现代的食品生产也不再是传统的农副产品初级加工的概念范畴，而是指对可食资源的技术处理，以保持和提高其可食性和利用价值，开发适合人类需求的各类食品和工业产物的全过程。

食品保藏过程中会产生脂肪酸败、褐变、淀粉老化、食品新鲜度下降、维生素降解等变化，相应可以采取维持食品最低生命活动、抑制食品生命活动、利用生物发酵、利用无菌原理等保藏方法。具体的保藏方法主要有食品干燥保藏、食品冷冻保藏、食品罐藏和食品辐射保藏。

食品生产常用原辅材料如下。

初级农产品：如果蔬类、畜禽肉类、水产类、乳、蛋类、粮食类等。

食品初加工产品：如糖类、面粉、淀粉、蛋白粉、油脂等。

辅助材料：如调味料、香辛料、食品添加剂等。

二、食品生产加工的意义

由于食品原料是一种“活”的产品，其代谢并未终止，而且容易受到微生物等生命体的侵害，因此食物必须经过加工处理，才能便于保藏和运输。又由于食品原料的相对单调性与人们对食品风味多样性的需求之间的矛盾，所以食物也必须经过加工，才能制成各种形态、风味和营养各异的食品，以满足人们的不同需求。如果没有食品加工，人们的食品供应就会变得异常困难，食品价格将大幅上涨，不少食品只有在一定的季节才能买到。

三、食品生产的质量要求

食品生产的质量要求不仅包括产品符合企业标准和卫生标准，而且要有不断采用新技术、新生产来更新产品的能力。从质量形成的过程来看，食品质量不仅取决于生产质量，而且与设计质量及保存质量密切相关。从食品的特性上来分析，除了食品的一般性能指标外，还包括食品的货物寿命、营养价值、安全性和经济性等指标。

食品生产的质量要求很多，消费者首先关注的是食品的安全、卫生、营养性能，其次是食品的色、香、味、形等感官指标，最后是食品的功能性。

(一)安全性

安全性包括营养性和卫生性，同时内在地包含了保藏性。食品营养与卫生是食品生产加工过程中两个相互独立又密切联系的范畴。食品营养是指满足人体对能量和营养素的需要，从而促进人体健康；食品卫生是指保证食品中没有对人体健康有害的因素，避免食物中毒，从而保障人体健康。食品营养和食品卫生在保障人体健康和增强人体体质方面是统一的。

1.营养性

一般认为,健康是指一个人在身体、精神和社会等方面都处于良好的状态。营养是维持人体生命的先决条件,是保证身心健康的物质基础,也是人体康复的重要条件。保持个体良好的营养状况,是最重要的预防保健措施。营养还与人的智力、寿命有密切关系。营养素摄取不足、营养素摄取比例不当或营养素过剩,都会影响人体健康。在世界范围内的幼儿死亡事件中,很多是由于饥饿和营养不良造成的。科学证明,人类 10 种致命疾病中,有 6 种与饮食有关,即心脏病、癌症、中风、动脉硬化、糖尿病和肝硬化。讲究营养科学,建立科学、合理的食物消费习惯和膳食结构,在选择食品时注重营养性能,有利于人体的健康。

营养性必然要求易消化性。易消化性是指食品能被人体消化吸收的程度。食品只有被消化吸收之后,才能转化为人体必需的营养素。一种食品的营养性再高,若不能被人体有效吸收,其营养性只能是空中楼阁。

2.卫生性

俗话说得好,"病从口入"。不卫生的食品可能会引起疾病、中毒乃至丧生。食品中不卫生因素包括有害病菌、有毒成分、有害异物三类。有害病菌一般是在食品原料或加工过程中带入的,有毒成分是属于食品原料中的天然毒素,有害异物包括食品添加剂、残余农药和有毒重金属等。这些都会使人类的健康和生命受到极大的威胁。在食品中存在的强致癌物质黄曲霉毒素、多环芳烃、亚硝胺以及其他无机致癌物,是食品卫生标准中严格限量的。研究表明,目前的致癌因素中与饮食有关的占 35%。

3.保藏性

食品从加工出来到消费食用,总是要经过或长或短的运输和保藏周期。在食品加工、运输、贮藏等过程中，很可能产生营养素变化和不卫生的问题。因此，食品加工过程中应最大限度地保持食品中的营养素，使之尽量不受或少受破坏，或者在必要时添加一定的营养素，使食品具有较高的营养价值。同时，要注意在食品生产、贮存、运输和经营过程各个环节存在的或潜在的危害因素并采取必要的预防措施，努力提高食品卫生质量，要避免食品污染，要预防食物中毒，保护食用者的安全。食品保藏过程中腐败变质的外界因素是微生物、氧气、光线等的作用，内在因素是原料中的各种酶和构成成分之间的作用。而水分和温度是这两种因素发挥效应的影响因素。因此，一般采取以下保藏方法。

(1)加热密封，如罐装或瓶装；

(2)低温处理，如冷藏或冻结；

(3)脱水，如浓缩或干制；

(4)渗渍，如盐渍、糖渍、醋渍；

(5)其他方法，如熏制、化学防腐、射线照射，以及气调保藏等方法。

(二)风味性

风味性，又称嗜好性。有人认为，食品作为商品进入流通领域必须具备四个基本特性，即必须具备安全性、营养性、嗜好性和贮藏性。这里将嗜好性与安全性、营养性、贮藏性并列，作为食品的必备条件，可见食品风味的重要性。

食品风味是人们接触食品后对食品的一种评价。食品风味包括色(外观)、香(香气)、味(味感)和质构(食品的内部组织结构，如软、硬、酥松、密实、细腻、粗糙、脆嫩、韧老等)四个方面，分别通过人的视觉、嗅觉、味觉、触觉(咀嚼感)勾起人的食欲而使人乐于食用。其中，食品的外观要素实际上已经不限于“色”，还包括大小、形状、完整性、损伤类型、光泽、透明度、色泽和稠度等。

食品风味又可分为心理味、物理味、化学味,其中心理味是由食品的形状、色泽、光泽等影响的;物理味是由食品的硬度、温度、触感、咀嚼性等决定的;化学味是由食品的甜酸苦咸等产生的。食品风味有利于促进人体对食品的消化吸收,有利于营养成分的充分利用,是决定食品优劣的最主要方面之一。当然,风味是否可口并无固定标准,随地区习惯、地区环境以及个人的感官条件和嗜好而异。

(三)功能性

每种食品在具有安全性和风味的前提下,人们才会考虑其功能性如何。方便性是食品的最大功能,现代社会人们的生活节奏普遍加快,需要食品具有较强的方便性,因此各种方便米饭、方便面条等方便食品应运而生且不断发展壮大。

虽然,普通食品也具有两大功能,第一功能是营养功能,即提供人体所需要的基础营养素,以满足人体生存的需要;第二功能是感官功能,即满足人们对色、香、味、形的嗜好要求,增强人们对食品的食欲。但是,这两大功能属于广义上的功能,已经在安全性、风味性中得到了体现。若非特别指明,一般所讲的功能性是指狭义的概念,或者说是"第三功能"。这第三功能是指具有调节生理活动的功能,体现在促进健康、突破亚健康、祛除疾病等方面的重要作用。功能性食品主要作用包括:增强免疫力;延缓衰老;辅助降血脂;辅助降血糖;抗氧化;辅助改善记忆;缓解视疲劳;促进排铅;清咽;辅助降血压;改善睡眠;促进泌乳;缓解体力疲劳;提高缺氧耐受力;对辐射危害有辅助保护;减肥;改善生长发育;增加骨密度;改善营养性贫血;对化学性肝损伤有辅助保护;祛痔疮;祛黄褐斑;改善皮肤水分;改善皮肤油分;调节肠道菌群;促进消化;通便;对胃黏膜有辅助保护。

食品的功能性就具体表现在这些方面。

以人的健康状况划分，人群可分为三类，一是健康人，二是病人，三是在健康人和病人之间存在的一种亚健康人或称诱发病者。亚健康是指健康的透支状态，即身体确有种种不适，表现为易疲劳，体力、适应力和应变力衰退，但又没有发现器质性病变的状态。如果将人群分为健康人群、患病人群、亚健康人群，那么健康人群只需吃普通食品就足以维持生存，患病人群则需要吃药，而亚健康人群可以适当进食保健食品（功能性食品）。

第二节　食品标准化生产

一、食品标准化生产的定义

食品标准化生产是指为在食品生产加工范围内获得最佳秩序，对基础性问题或者是实际的或潜在的食品技术问题进行制定共同的和重复使用的规则的活动。制定食品生产加工标准包括对已颁布食品生产加工标准的修订，事实上与其他领域的标准化类似，食品生产加工标准化的过程是需要不断循环、螺旋式上升的活动过程。

食品标准化生产不同于农业标准化。农业标准化是指种植业、林业、畜牧业、渔业、农用微生物业的标准化，包括生产、加工、流通与相关的标准体系及其系统的应用，即以农业科学技术和实践经验为基础，运用简化、统一、协调、优选原理，把科研成果和先进技术转化成标准，加以实施，并取得最佳经济、生态、社会效益的可持续过程。简言之，农业标准化就是指农业新成果、新技术、新方法以效益为目的在种植业、林业、畜牧业、渔业、农用微生物业等领域制定规范并系统应用。

有人分析了农业标准化的特点有：统一性；经济性；民主性；科学性；

法规性；生命性；区域性；同步性。前5个特点是标准化所具有的一般特点，后3个特点是农业标准化所特有的特点。

与此类似，食品生产加工标准化具有标准化的一般特点：统一性；经济性；民主性；科学性；法规性。但是在自己的特点上与农业标准化是不同的。虽然，食品是在农产品的基础上进一步加工得到的，但是农产品的生命性、区域性，在食品上已经不明显了。当然，食品还具有一定的同步性特点。除了不易保存的食品之外，可以比照农业标准化采用实物标准与文字标准同步。

二、食品标准化生产的作用

食品标准化生产的基本作用是使食品生产加工领域以尽可能少的资源、能源消耗，来谋求尽可能大的社会效益和最佳秩序。具体地说，食品生产加工标准化具有以下重要作用。

第一，可以规范食品生产加工企业的生产加工活动，促进食品生产加工企业间的生产协作和社会化专业化大生产，推动建立最佳秩序。

第二，有利于实现食品生产加工企业的科学管理和提高管理效率。

第三，有利于稳定和提高食品的质量，增强食品生产加工企业的素质，提高食品生产加工企业的竞争力。

第四，有利于保护人体健康，保障人身和财产安全，维护消费者合法权益。

第五，有利于保护人类生态环境，合理利用资源。

第六，有利于减少和消除食品贸易技术壁垒，促进国际食品行业的经贸发展和科技、文化交流与合作。

三、食品标准化生产的具体内容

标准化工作的任务主要是三大项，即制定标准、实施标准和标准实施的监督。食品标准化生产的具体内容主要是食品生产加工标准的制定、食品生产加工标准的实施和食品生产加工标准实施的监督。

(一)食品生产加工标准的制定

食品生产加工标准是标准化活动的产物，制定标准是标准化活动的起点。标准化的目的和作用，都要通过标准体现。制定标准是标准化活动的最基本的活动。

制定标准是指标准的制定部门对需要制定标准的项目编制计划，组织草拟、审批、编号、发布等活动，是将科学成果、技术的进步纳入标准中去的过程。制定标准是集思广益的产物，是体现全局利益的规定。标准(的多少)是标准化活动(成效)的指标。

(二)食品生产加工标准的实施

实施食品生产加工标准的主体是各个食品生产加工企业。食品生产加工企业实施食品生产加工标准的工作包括两部分内容，第一部分是将食品国家标准、食品行业标准、食品地方标准转化为食品企业标准的工作；第二部分是在食品生产加工过程中贯彻执行食品企业标准的工作。狭义上理解，实施食品生产加工标准仅指第二部分内容。但是，一般我们可以作广义理解，或者称之为食品生产加工企业标准化工作。

在开展企业的标准化工作过程中，全面地、系统地确定企业标准化工作对象和内容，可结合具体情况，除有针对性运用标准化原理与科学方法、现代标准化方法、价值工程、参数最佳化、试验设计、分类编码技术以及评价等之外，还必须有一套科学的企业标准化的工作方法。对于食品生产加工企业来说，主要应当做好以下几项工作。

1. 建立食品生产加工企业的标准化工作系统

为保证食品生产加工企业的标准化工作有组织、有计划、有步骤地开展，应建立健全食品生产加工企业的标准化工作系统即标准化组织机构。设置标准化组织机构有集中制、分散制、混合制三种，其中，以混合制最能适应标准化工作的开展。混合制是指在企业集中设置一个人数较少的标准化科(室或组)，负责企业的标准化计划、主持制定或修订与本企业有关的标准以及统一归口和协调工作等；与此同时，在各专业科室还设置相应的标准化组织或标准化专职人员，负责本科室业务范围的标准化工作。

食品生产加工企业标准化组织承担的标准化活动主要有三类。

(1)非重复性劳动，例如，研究制定新的企业标准和有关文件，拟定和实施企业不同时期的标准规划、计划和方案，参与企业内部或外部的有关学术活动，解决标准化运行中提出的问题等。

(2)重复性的组织管理工作，例如，同基层保持经常性联系，收集和传递标准化运行中的信息，管理标准资料，提供常规咨询服务和业务指导等。

(3)程式化作业，例如，标准化检查、标准资料的出版发行、图样和技术文件的修改等。

2. 建立食品生产企业的标准体系

食品生产企业的标准体系是建立在标准化整体系统的基础上，运用标准体系的编制方法制定的。

(1)确立食品生产企业标准化的整体系统

确立食品生产加工企业标准化的整体系统，就是要根据食品生产加工企业自身生产、技术、经济活动的特点，来确定企业标准化领域和标准化的各个环节。把有利于加速企业新产品开发、提高产品质量和经济效益、建立企业最佳生产秩序的各个领域和环节，纳入标准化工作范畴，以便全面规划企业标准化的工作对象和内容。

一般而言，食品生产加工企业标准化的整体系统包括的标准化领域有科研设计、生产制造、销售服务等，标准化环节包括食品产品标准化、食品生产标准化、食品生产加工设备标准化、食品外购原料标准化、食品检测标准化、食品包装标准化、管理标准化等。管理标准化又包括市场营销标准化、生产管理标准化、财务管理标准化、物资管理标准化等。每一个环节包括多项具体内容，例如，生产标准化可以包括生产术语标准化、生产符号标准化、生产文件标准化、生产要素标准化、生产规程典型化等。

(2)编制企业标准体系

企业标准化环节是企业标准化整体系统中的子系统。根据每一个企业标准化环节，可以编制一个企业标准子系统，所有子系统共同构成了企业的标准体系。在长期的标准化实践中，我国企业逐渐形成了包括以下主要类别和内容的企业标准。

①基础标准：制定企业标准，具体包括标准化工作导则（标准编写的基本规定、标准出版印刷的规定等）、通用技术语言标准（术语标准，符号、代号、代码、标志标准，技术制图标准等）、质量和单位标准、数值与数据标准以及企业适用的专业技术导则。

②产品标准：它规定产品的质量要求，包括性能要求、适应性要求、使用条件要求、检验方法、包装及运输要求等。

③设计标准：是指为保证与提高产品设计质量而制定的技术标准。

④采购标准：是指对企业在产品生产过程中需外购的直接转移到产品中去的原材料、燃料、零部件、元器件、包装物，以及在产品生产过程中直接消耗的低值易耗品等外购物品的质量要求制定的标准。

⑤生产标准：是指依据产品标准要求，对原材料、零部件、元器件进行

加工或装配的方法以及制定有关技术要求和指标的标准，包括生产基础标准、生产流程标准、生产规程标准、工序能力标准、工序控制标准。

⑥基础设施和工作环境标准：是指对产品质量特性起重要作用的基础设施（包括厂房、供电、供热、供水、供压缩空气、产品运输及贮存设施等）和工作环境（包括温度、湿度、空气清洁度等）的质量要求制定的技术标准。

⑦设备和生产装备标准：是指对产品制造过程中所使用的通用设备、专用生产设备、工具及其他生产器具的要求制定的技术标准。

⑧检验和试验标准：是指对产品（包括产成品、半成品、采购物品）的质量进行检验和试验，对生产过程的质量特性进行监视和测量，以及有关检验、试验、监视、测量方法和有关仪器、设备、装置的技术标准。

⑨职业健康安全与环境保护标准：是指为消除、限制或预防职业活动中的危险和有害因素而制定的标准。

⑩工作标准：是针对岗位工作人员作业制定的标准。

3.运用综合标准化方法

综合标准化方法是把那些能够使标准化对象达到最佳状况的所有相关因素统一进行考虑，进行系统的标准化，并保持相互间的关系最佳。这种方法的运用，可以改变单个地或无系统地制定标准的状况，使企业能够在较短时间内彻底解决某技术关键和生产薄弱环节。

4.上级标准在企业中传递方法

上级标准在企业中传递，就是企业确定本企业生产中依据的标准的过程。上级标准（如国家标准、行业标准、地方标准）在企业中的传递方法有四种：一是直接采用，不做任何修改；二是选择，从上级标准中选取企业需要的项目；三是补充，在上级标准的基础上进一步提高产品质量技术要求；四是配套，是指在贯标时作出统一规定和制定使用标准的指导性文件。

5.标准化审查

标准化审查，是贯彻各级标准中各类标准，提高产品标准化水平的重要手段。因而，从编制产品设计任务书开始，到设计、试制、鉴定等各个阶段，必须充分考虑标准化要求，认真进行标准化审查。通过审查，可以实现以下目的。

(1)促进设计人员正确理解、掌握、使用和贯彻与产品有关的各级标准中的各类标准。

(2)促使设计人员最大限度地采用标准件、通用件，以提高产品的标准化程度和设计继承性。

(3)促进产品设计水平及图样设计文件质量的提高。

(4)及时发现并记录贯彻各级标准中存在的问题，为进一步制定、修订标准积累资料和数据。

(三)食品生产加工标准实施的监督

标准实施监督对于产品标准，应到生产出产品为止；对于基础标准，应到标准在生产中应用为止。食品生产加工标准实施的监督包括国家监督、食品行业监督、食品企业监督和社会监督。国家监督是国家权力机关即国家标准化行政部门的监督。食品行业监督是其他主管部门进行的食品行业性质的监督。食品企业监督是食品企业标准化管理机构对本企业内部标准化工作的监督。社会监督主要是社会通过对食品产品质量的监督来对食品标准实施情况进行监督。

第三节　食品生产经营

一、食品生产经营的规定

第一，食品生产经营应当符合食品安全标准，并符合下列要求。

具有与生产经营的食品品种、数量相适应的食品原料处理和食品加工、包装、贮存等场所，保持该场所环境整洁，并与有毒、有害场所以及其他污染源保持规定的距离。

具有与生产经营的食品品种、数量相适应的生产经营设备或者设施，有相应的消毒、更衣、盥洗、采光、照明、通风、防腐、防尘、防蝇、防鼠、防虫、洗涤以及处理废水、存放垃圾和废弃物的设备或者设施。

有专职或者兼职的食品安全专业技术人员、食品安全管理人员和保证食品安全的规章制度。

具有合理的设备布局和生产流程，防止待加工食品与直接入口食品、原料与成品交叉污染，避免食品接触有毒物、不洁物。

餐具、饮具和盛放直接入口食品的容器，使用前应当洗净、消毒。炊具、用具用后应当洗净，保持清洁。

贮存、运输和装卸食品的容器、工具和设备应当安全、无害，保持清洁，防止食品污染，并符合保证食品安全所需的温度、湿度等特殊要求，不得将食品与有毒、有害物品一同贮存、运输。

直接入口的食品应当使用无毒、清洁的包装材料、餐具、饮具和容器。

食品生产经营人员应当保持个人卫生，生产经营食品时，应当将手洗净，穿戴清洁的工作衣、帽等；销售无包装的直接入口食品时，应当使用无毒、清洁的容器、售货工具和设备。

用水应当符合国家规定的生活饮用水卫生标准。

使用的洗涤剂、消毒剂应当对人体安全、无害。

法律法规规定的其他要求。

非食品生产经营者从事食品贮存、运输和装卸的，应当符合前款规定。

第二，禁止生产经营下列食品、食品添加剂、食品相关产品。

用非食品原料生产的食品或者添加食品添加剂以外的化学物质和其他可能危害人体健康物质的食品，或者用回收食品作为原料生产的食品。

致病性微生物，农药残留、兽药残留、生物毒素、重金属等污染物质以及其他危害人体健康的物质含量超过食品安全标准限量的食品、食品添加剂、食品相关产品。

用超过保质期的食品原料、食品添加剂生产的食品。

超范围、超限量使用食品添加剂的食品。

营养成分不符合食品安全标准的专供婴幼儿和其他特定人群的主辅食品。

腐败变质、油脂酸败、霉变生虫、污秽不洁、混有异物、掺假掺杂或者感官性状异常的食品、食品添加剂。

病死、毒死或者死因不明的禽、畜、兽、水产动物肉类及其制品。

未按规定进行检疫或者检疫不合格的肉类,未经检验或者检验不合格的肉类制品。

被包装材料、容器、运输工具等污染的食品、食品添加剂。

标注虚假生产日期、保质期或者超过保质期的食品、食品添加剂。

无标签的预包装食品、食品添加剂。

国家为防病等特殊需要明令禁止生产经营的食品。

其他不符合法律法规或者食品安全标准的食品、食品添加剂、食品相关产品。

二、食品生产经营许可

国家对食品生产经营实行许可制度。从事食品生产、食品销售、餐饮服务,应当依法取得许可。但是,销售食用农产品,不需要取得许可。县级以上地方人民政府食品安全监督管理部门应当依照《中华人民共和国行政许可法》的规定,审核申请人提交的相关资料,必要时对申请人的生产经营场所进行现场核查;对符合规定条件的,准予许可;对不符合规定条件的,不予许可并书面说明理由。

食品生产加工小作坊和食品摊贩等从事食品生产经营活动,应当符合本法规定的与其生产经营规模、条件相适应的食品安全要求,保证所生产经营的食品卫生、无毒、无害,食品安全监督管理部门应当对其加强监督管理。县级以上地方人民政府应当对其进行综合治理,加强服务和统一规划,改善其生产经营环境,鼓励和支持其改进生产经营条件,进入集中交易市场、店铺等固定场所经营,或者在指定的临时经营区域、时段经营。食品生产加工小作坊和食品摊贩等的具体管理办法由省、自治区、直辖市制定。

利用新的食品原料生产食品,或者生产食品添加剂新品种、食品相关产品新品种,应当向国务院卫生行政部门提交相关产品的安全性评估材料。国务院卫生行政部门应当自收到申请之日起 60 日内组织审查,对符合食品安全要求的，准予许可并公布；对不符合食品安全要求的，不予许可并书面说明理由。生产经营的食品中不得添加药品，但是可以添加按照传统既是食品又是中药材的物质。该目录由国务院卫生行政部门会同国务院食品安全监督管理部门制定、公布。

国家对食品添加剂生产实行许可制度。食品添加剂，指为改善食品品质和色、香、味以及为防腐、保鲜和加工生产的需要而加入食品中的人工合成或者天然物质，包括营养强化剂。从事食品添加剂生产，应当具有与所生产食品添加剂品种相适应的场所、生产设备或者设施、专业技术人员和管理制度，并依照规定的程序，取得食品添加剂生产许可。生产食品添加剂应当符合法律法规和食品安全国家标准。食品添加剂应当在技术上确有必要且经过风险评估证明安全可靠，方可列入允许使用的范围。食品生产经营者应当按照食品安全国家标准使用食品添加剂。

生产食品相关产品应当符合法律法规和食品安全国家标准。对直接接触食品的包装材料等具有较高风险的食品相关产品，按照国家有关工业产品生产许可证管理的规定实施生产许可。食品安全监督管理部门应当加强对食品相关产品生产活动的监督管理。

国家建立食品安全全程追溯制度。食品生产经营者应当依照规定，建立食品安全追溯体系，保证食品可追溯。国家鼓励食品生产经营者采用信息化手段采集、留存生产经营信息，建立食品安全追溯体系。

地方各级人民政府应当采取措施鼓励食品规模化生产和连锁经营、配送。国家鼓励食品生产经营企业参加食品安全责任保险。

三、生产经营过程控制

食品生产经营企业应当建立健全食品安全管理制度，对职工进行食品安全知识培训，加强食品检验工作，依法从事生产经营活动。食品生产经营企业的主要负责人应当落实企业食品安全管理制度，要对本企业的食品安全工作全面负责。食品生产经营企业应当配备食品安全管理人员，加强对其培训和考核；经考核不具备食品安全管理能力的，不得上岗。食品安全监督管理部门应当对企业食品安全管理人员随机进行监督抽查考核并公布考核情况。监督抽查考核不得收取费用。食品生产经营者应当建立并执行从业人员健康管理制度。患有国务院卫生行政部门规定的有碍食品安全疾病的人员，不得从事接触直接入口食品的工作。从事接触直接入口食品工作的食品生产经营人员应当每年进行健康检查，取得健康证明后方可上岗工作。

食品生产企业应当就下列事项制定并实施控制要求，保证所生产的食品符合食品安全标准。

第一，原料采购、原料验收、投料等原料控制。

第二，生产工序、设备、贮存、包装等生产关键环节控制。

第三，原料检验、半成品检验、成品出厂检验等检验控制。

第四，运输和交付控制。

食品生产经营者应当建立食品安全自查制度，定期对食品安全状况进行检查评价。生产经营条件发生变化，不再符合食品安全要求的，食品生产经营者应当立即采取整改措施；有发生食品安全事故潜在风险的，应当立即停止食品生产经营活动，并向所在地县级人民政府食品安全监督管理部门报告。国家鼓励食品生产经营企业符合良好生产规范要求，实施危害分析与关键控制点体系认证，提高食品安全管理水平。对通过良好生产规范、危害分析与关键控制点体系认证的食品生产经营企业，认证机构应当依法实施跟踪调查；对不再符合认证要求的企业，应当依法撤销认证，及时向县级以上人民政府食品安全监督管理部门通报，并向社会公布。认证机构实施跟踪调查不得收取费用。

食用农产品生产者应当按照食品安全标准和国家有关规定使用农药、肥料、兽药、饲料和饲料添加剂等农业投入品，严格执行农业投入品使用安全间隔期或者休药期的规定，不得使用国家明令禁止的农业投入品。禁止将剧毒、高毒农药用于蔬菜、瓜果、茶叶和中草药材等国家规定的农作物。食用农产品的生产企业和农民专业合作经济组织应当建立农业投入品使用记录制度。县级以上人民政府农业行政部门应当加强对农业投入品使用的监督管理和指导，建立健全农业投入品安全使用制度。

食品生产者采购食品原料、食品添加剂、食品相关产品，应当查验供货者的许可证和产品合格证明，对无法提供合格证明的食品原料，应当按照食品安全标准进行检验，不得采购或者使用不符合食品安全标准的食品原料、食品添加剂、食品相关产品。食品生产企业对食品原料、食品添加剂、食品相关产品应当建立进货查验记录制度，如实记录食品原料、食品添加剂、食品相关产品的名称、规格、数量、生产日期或者生产批号、保质期、进货日期以及供货者名称、地址、联系方式等内容，并保存相关凭证。记录和凭证保存期限不得少于产品保质期满后 6 个月；没有明确保质期的，保存期限不得少于 2 年。食品、食品添加剂、食品相关产品的生产者，应当按照食品安全标准对所生产的食品、食品添加剂、食品相关产品进行检验，检验合格后方可出厂或者销售。

食品经营者采购食品，应当查验供货者的许可证和食品出厂检验合格证或者其他合格证明（以下称“合格证明文件”）。食品经营企业应当建立食品进货查验记录制度，如实记录食品和食品添加剂的名称、规格、数量、生产日期或者生产批号、保质期、进货日期以及供货者名称、地址、联系方式等内容，并保存相关凭证。实行统一配送经营方式的食品经营企业，可以由企业总部统一查验供货者的许可证和食品合格证明文件，进行食品进货查验记录。

从事食品批发业务的经营企业应当建立食品销售记录制度，如实记录批发食品的名称、规格、数量、生产日期或者生产批号、保质期、进货日期以及供货者名称、地址、联系方式等内容，并保存相关凭证。

食品经营者应当按照保证食品安全的要求贮存食品，定期检查库存食品，及时清理变质或者超过保质期的食品。食品经营者贮存散装食品，应当在贮存位置标明食品的名称、生产日期或者生产批号、保质期、生产者名称及联系方式等内容。

餐饮服务提供者应当制定并实施原料控制要求，不得采购不符合食品安全标准的食品原料。倡导餐饮服务提供者公开加工过程，公示食品原料及其来源等信息。餐饮服务提供者在加工过程中应当检查待加工的食品及原料，发现有违反法律规定情形的，不得加工或者使用。餐饮服务提供者应当定期维护食品加工、贮存、陈列等设施、设备；定期清洗、校验保温设施及冷藏、冷冻设施。餐饮服务提供者应当按照要求对餐具、饮具进行清洗消毒，不得使用未经清洗消毒的餐具、饮具；餐饮服务提供者委托清洗消毒餐具、饮具的，应当委托符合规定条件的餐具、饮具集中消毒服务单位。

学校、托幼机构、养老机构、建筑工地等集中用餐单位和供餐单位应当严格遵守法律法规和食品安全标准；从供餐单位订餐的，应当从取得食品生产经营许可的企业订购，并按照要求对订购的食品进行查验。供餐单位应当严格遵守法律法规和食品安全标准，当餐加工，确保食品安全。学校、托幼机构、养老机构、建筑工地等集中用餐单位的主管部门应当加强对集中用餐单位的食品安全教育和日常管理，降低食品安全风险，及时消除食品安全隐患。

餐具、饮具集中消毒服务单位应当具备相应的作业场所、清洗消毒设备或者设施，用水和使用的洗涤剂、消毒剂应当符合相关食品安全国家标准和其他国家标准、卫生规范。餐具、饮具集中消毒服务单位应当对消毒餐具、饮具进行逐批检验，检验合格后方可出厂，并应当随附消毒合格证明。消毒后的餐具、饮具应当在独立包装上标注单位名称、地址、联系方式、消毒日期以及使用期限等内容。

食品添加剂生产者应当建立食品添加剂出厂检验记录制度，查验出厂产品的检验合格证和安全状况，如实记录食品添加剂的名称、规格、数量、生产日期或者生产批号、保质期、检验合格证号、销售日期以及购货者名称、地址、联系方式等相关内容，并保存相关凭证。食品添加剂经营者采购食品添加剂，应当依法查验供货者的许可证和产品合格证明文件，如实记录食品添加剂的名称、规格、数量、生产日期或者生产批号、保质期、进货日期以及供货者名称、地址、联系方式等内容，并保存相关凭证。

集中交易市场的开办者、柜台出租者和展销会举办者，应当依法审查入场食品经营者的许可证，明确其食品安全管理责任，定期对其经营环境和条件进行检查，发现其有违反规定行为的，应当及时制止并立即报告所在地县级人民政府食品安全监督管理部门；网络食品交易第三方平台提供者应当对入网食品经营者进行实名登记，明确其食品安全管理责任，依法应当取得许可证的，还应当审查其许可证，网络食品交易第三方平台提供者发现有违法行为的，应当及时制止并立即报告所在地县级人民政府食品安全监督管理部门，发现严重违法行为的，应当立即停止提供网络交易平台服务。

国家建立食品召回制度。食品生产者发现其生产的食品不符合食品安全标准或者有证据证明可能危害人体健康的，应当立即停止生产，召回已经上市销售的食品，通知相关生产经营者和消费者，并记录召回和通知情况。食品经营者发现其经营的食品有前款规定情形的，应当立即停止经营，通知相关生产经营者和消费者，并记录停止经营和通知情况。食品生产者认为应当召回的，应当立即召回。由于食品经营者的原因造成其经营的食品有前款规定情形的，食品经营者应当召回。食品生产经营者应当对召回的食品采取无害化处理、销毁等措施，防止其再次流入市场。但是，对因标签、标志或者说明书不符合食品安全标准而被召回的食品，食品生产者在采取补救措施且能保证食品安全的情况下可以继续销售；销售时应当向消费者明示补救措施。食品生产经营者应当将食品召回和处理情况向所在地县级人民政府食品安全监督管理部门报告；需要对召回的食品进行无害化处理、销毁的，应当提前报告时间、地点。食品安全监督管理部门认为必要的，可以实施现场监督。食品生产经营者未依照有关规定召回或者停止经营的，县级以上人民政府食品安全监督管理部门可以责令其召回或者停止经营。

食用农产品批发市场应当配备检验设备和检验人员或者委托符合本法规定的食品检验机构，对进入该批发市场销售的食用农产品进行抽样检验。发现不符合食品安全标准的，应当要求销售者立即停止销售，并向食品安全监督管理部门报告。食用农产品销售者应当建立食用农产品进货查验记录制度，如实记录食用农产品的名称、数量、进货日期以及供货者名称、地址、联系方式等内容，并保存相关凭证。记录和凭证保存期限不得少于 6 个月。进入市场销售的食用农产品在包装、保鲜、贮存、运输中使用保鲜剂、防腐剂等食品添加剂和包装材料等食品相关产品，应当符合食品安全国家标准。

四、标签、说明书和广告

预包装食品包装上应当有标签。标签应当标明食品名称、规格、净含量、生产日期,成分或者配料表,生产者的名称、地址、联系方式,保质期,产品标准代号,贮存条件,所使用的食品添加剂在国家标准中的通用名称,生产许可证编号,法律法规或者食品安全标准规定应当标明的其他事项。专供婴幼儿和其他特定人群的主辅食品,其标签还应当标明主要营养成分及其含量。生产经营转基因食品应当按照规定显著标示。

食品经营者应当按照食品标签标示的警示标志、警示说明或者注意事项的要求销售食品。食品经营者销售散装食品,应当在散装食品的容器、外包装上标明食品的名称、生产日期或者生产批号、保质期以及生产经营者名称、地址、联系方式等内容。

食品添加剂也应当有标签、说明书和包装,不仅应当载明上述事项,还应包含食品添加剂的使用范围、用量、使用方法,并在标签上载明“食品添加剂”字样。

食品和食品添加剂的标签、说明书、食品广告,不得含有虚假内容,不得涉及疾病预防、治疗功能。生产经营者对其提供的标签、说明书、食品广告的内容负责。食品和食品添加剂的标签、说明书应当清楚、明显,生产日期、保质期等事项应当显著标注,容易辨识。食品和食品添加剂与其标签、说明书的内容不符的,不得上市销售。

食品生产经营者对食品广告内容的真实性、合法性负责。县级以上人民政府食品安全监督管理部门和其他有关部门以及食品检验机构、食品行业协会不得以广告或者其他形式向消费者推荐食品。消费者组织不得以收取费用或者其他牟取利益的方式向消费者推荐食品。

五、特殊食品

特殊食品包括保健食品、特殊医学用途配方食品和婴幼儿配方食品,国家对其实行严格监督管理。

保健食品声称具有保健功能,应当具有科学依据,不得对人体产生急性、亚急性或者慢性危害。列入保健食品原料目录的原料只能用于保健产品生产，不得用于其他产品生产。使用保健食品原料目录以外原料的保健食品和首次进口的保健食品应当经国务院食品安全监督管理部门注册。保健食品的标签、说明书和广告不得涉及疾病预防、治疗功能，内容应当真实，与注册或者备案的内容相一致，载明适宜人群、不适宜人群、功效成分或者标志性成分及其含量等，并声明"本品不能代替药物"。保健食品的功能和成分应当与标签、说明书相一致。其广告应当经生产企业所在地省、自治区、直辖市人民政府食品安全监督管理部门审查批准、公布，取得保健食品广告批准文件。

特殊医学用途配方食品应当经国务院食品安全监督管理部门注册。注册时，应当提交产品配方、生产工艺、标签、说明书以及表明产品安全性、营养充足性和特殊医学用途临床效果的材料。特殊医学用途配方食品广告适用《中华人民共和国广告法》和其他法律、行政法规关于药品广告管理的规定。

婴幼儿配方食品生产企业应当实施从原料进厂到成品出厂的全过程质量控制，对出厂的婴幼儿配方食品实施逐批检验，保证食品安全。婴幼儿配方乳粉的产品配方应当经国务院食品安全监督管理部门注册。婴幼儿配方食品生产企业应当将食品原料、食品添加剂、产品配方及标签等事项向省、自治区、直辖市人民政府食品安全监督管理部门备案。注册时，应当提交配方研发报告和其他证明配方科学性、安全性的材料。不得以分装方式生产婴幼儿配方乳粉，同一企业不得用同一配方生产不同品牌的婴幼儿配方乳粉。

特殊食品的注册人或者备案人应当对其提交材料的真实性负责。省级以上人民政府食品安全监督管理部门应当及时公布注册或者备案的特殊食品目录，并对注册或者备案中获知的企业商业秘密予以保密。特殊食品生产企业应当按照注册或者备案的产品配方、生产工艺等技术要求组织生产。

生产特殊食品的企业，应当按照良好生产规范的要求建立与所生产食品相适应的生产质量管理体系，定期对该体系的运行情况进行自查，保证其有效运行,并向所在地县级人民政府食品安全监督管理部门提交自查报告。

第四节　我国食品生产发展趋势

一、充分利用农业资源,大力发展农副产品精深加工

我国是农业大国,人口众多,在近一个时期内仍然要本着发展农产品精深加工,努力提高农业效益和农民收入为着力点,通过发展食品经济来带动农业经济发展。食品行业将主要依靠科技进步,努力提高农产品综合加工能力,逐步实现由初级加工向高附加值精深加工转变,由传统加工技术向先进适用技术和现代高新技术转变,由资源消耗型向高效利用型转变,实现农产品加工原料生产基地化,农产品及其加工制成品优质化,产加销经营一体化。其中着重发展粮、油、肉等的精深加工,不断发展干鲜果品保鲜储藏及精深加工等。

二、大力发展绿色食品和有机食品

随着社会经济的不断发展,人们的生活水平和消费理念也在不断提高,健康饮食成为越来越多人的首要选择,绿色食品和有机食品逐渐成为食品市场的主流产品,这种消费趋势对我国食品产业的发展有着重要的影响。健康饮食理念的提出与发展,为绿色食品与有机食品提供了广阔的发展空间,原生态的健康食品受到越来越多人的青睐。此外,绿色低碳经济和循环经济的提出,也是绿色食品与有机食品发展的重要助力,随着对环境的重视,食品产业必然会朝着健康、绿色食品的发展方向不断前进。

三、更加重视食品安全问题

食品安全是企业赖以生存的基础,加强食品安全既能保证消费者的生命安全,也能促进企业持续发展。随着信息化时代的来临,消费者对食

品安全问题越发重视，食品企业要想在激烈的竞争中活下去，就必须重视食品安全问题。食品企业要对食品在生产、检测、运输及销售的过程中进行严格的管控；加强对供应商的审核，杜绝以次充好现象；积极协助配合政府监管部门进行食品安全管理，对违规违法行为进行严厉的打击与惩处，从而确保人民群众吃得放心，提高食品生产企业的知名度与影响力，更好地促进食品产业的发展。

四、愈发重视技术创新

信息化环境下，信息技术的进步对食品产业的发展带来了积极影响，为了更好地应对市场的竞争压力，食品企业不断利用新技术改进食品生产，在降低生产成本的同时，生产出具有高附加值、高健康值的符合消费者需求的食品，这样做不仅能提高产品的竞争力，还能提高企业的经济效益，一举两得。比如，在供应链体系中加强技术创新，可以减少原材料的浪费和以次充好问题的发生，在减少资金投入的同时，还能够加强对生态环境的保护；在食品的流通环节加强技术创新，可以建立更为高效精准的管控体系和信誉体系，更利于企业把握市场复杂变化的形势，促进食品产业的健康稳步发展。

第二章 肉制品及其标准化生产

第一节 肉制品概述

一、概述

肉制品是指以动物的肉或可食内脏为原料加工制成的产品。据文献记载,中国是肉制品的发源地之一,至今已有三千多年的历史。肉制品的种类繁多,德国仅香肠类产品就超过一千五百种;瑞士的一家发酵香肠生产企业生产五百种以上的色拉米香肠;在我国,仅名特优肉制品就有五百多种,而且新产品还在不断涌现。

我国传统肉制品已有三千多年的历史。自古以来,人们为贮藏保存、改善风味、提高适口性、增加品种等目的而世代相传逐步发展肉制品加工技术及其产品,它们因颜色、香气、味道、造型独特而著称于世,是几千年来制作经验与智慧的结晶,是中国也是世界珍贵的饮食文化遗产的一部分。由于我国地域辽阔、民族众多,不同地区的饮食习惯也各有不同,所以我国肉制品品种极为丰富,一般分为以下九大类。

腌腊制品类,如咸肉、板鸭、腊肉等;

酱卤制品类,如盐水鸭,酱牛肉等;

熏烧烤制品类,如熏肉、熏鸡、烤鸭等;

干制品类,如肉松、肉干、肉脯等;

油炸制品类,如炸猪皮、炸丸子等;

香肠制品类,如风干香肠、广东香肠、哈尔滨红肠、粉肠、小肚等;

火腿制品类,如金华火腿、碎肉火腿、盐水火腿等;

罐头制品类，如午餐肉罐头、红烧肉罐头、禽肉罐头等；

其他制品类，如肉冻、肉糕等。

无论采用什么加工方法，所制成的肉制品均应具有下列特点。

第一，滋味鲜美、香气浓郁。肉中有蛋白质、核酸类生物大分子，它们会在加工过程中降解，产生许多氨基酸、多肽、核苷酸等呈味成分，赋予肉制品鲜美的滋味，而脂肪成分则赋予各种畜禽所具有的相应风味。

加热后，一些芳香前体物质经脂类氧化、美拉德反应以及维生素 B_1 降解产生挥发性物质，赋予熟肉制品独特的芳香气味。再配以种类繁多的香辛料和调味料，不仅使肉制品香味浓郁，而且其风味也各具特色。

第二，色泽诱人。在肉中存在着血红蛋白和肌红蛋白，是两种色素蛋白质，特别是肌红蛋白可与氧结合，生成氧合肌红蛋白，这两种结合蛋白使肉呈深红色或暗红色。因此，鲜肉切割后或经过煮制加工后会产生诱人的色泽。

第三，利于肉质结构的结着性。在肉中存在肌球蛋白、肌动蛋白和肌动球蛋白，这些蛋白质都是可溶解于一定浓度中性盐溶液中的结构蛋白质，特别是肌球蛋白，在煮制时可以从不溶状态转变为溶解状态而成为溶胶，这种溶胶能形成巨大的凝聚体，将水分子与脂肪封闭在凝聚体的网状结构里，这就是肉有很高胶着性或形成肉糜乳胶的原因。

第四，热可逆胶凝性。在肉中存在着胶原蛋白，当含有水分的肉加热时，胶原蛋白首先会缩小到其体积的 2/3，然后被水解成明胶。这种明胶在冷却后能形成凝胶，由此可使肉加工成水晶肴肉、羊肉冻等肉制品。这种肉冻受热时则会液化，冷却时可再次生成凝胶。

二、肉制品加工的历史

据史书记载，早在奴隶社会时期，我国劳动人民就已经掌握了使用陶瓷器封闭保藏食品的技术。战国时期，屠宰加工分割技术已相当成熟。在漫长的生活岁月中，人们发现烧烤的兽肉比生兽肉好吃且易消化，因此开始了原始的肉类制品加工，如“肉干”、“肉脯”和古代“灌肠”等，见诸文字记载的至少可以追溯到三千多年前。《周礼》中有“腊人掌干肉”和“肉脯”的记载。在先秦诸子百家的著述中,“脯”“腊”“腌”“熟”等字更是屡见不鲜。可知那时在腌腊、熟肉制品行业中就有“腊人”这一类的技术称谓。西汉《盐铁论》中有“熟食遍地,肴旅城市”的记载。当时熟肉类食品已广泛在酒楼、饭店中售卖。到了北魏末期,《齐民要术》一书就将三千五百多年前熟肉生产做了综合叙述。宋代的《东京梦华录》中记载了熟肉制品两百余种,使用原料范围广泛,操作考究。中式火腿加工始于宋代。元朝《饮膳正要》重点介绍了牛、羊肉的加工技术。清朝乾隆年间,袁枚所著《随园食单》一书记载的肉制品有五十余种。现在的传统生产肉类制品基本是那时期的沿袭。

三、我国肉制品加工的现状

我国肉类制品可分为两大类,一类是具有中国传统风味的中式肉制品,约有500个名特优产品,其中一些产品,如金华火腿、广式腊肠、南京板鸭、德州扒鸡、道口烧鸡等传统名特产品,早已享誉国内外;另一类是西式肉制品,它在中国只有150年的历史,有香肠类、火腿类、培根类、肉糕类、肉冻类等。

我国的肉类加工业在近几年经历了从冷冻肉到热鲜肉,再到冷却肉的发展轨迹,其中速冻方便肉类食品发展迅速,成为维持许多肉类食品加工企业新的经济支柱,传统肉制品逐步走向现代化,西式肉制品发展迅速。目前,许多加工企业已经广泛采用干燥成熟和杀菌防腐处理等高新技术,开发出了低温肉制品和保健肉制品,并且占据了一定的市场份额。

四、我国肉制品加工的发展趋势

(一)传统肉类制品走向现代化

我国传统的肉制品历史悠久,品种丰富多样,是我国饮食文化的重要组成部分。与西式肉制品相比,具有色、香、味、形俱佳的特点,深受大众欢迎。近年来,随着科技投入力度的加大、设备的不断更新及传统生产与现代化技术的结合，肉制品的工厂生产正在迅速替代作坊式的生产。

(二)发展低温肉制品

相对于高温肉制品而言，低温肉制品具有更好的风味和更高的营养价值。冷却肉是低温肉制品的一种，又称冷鲜肉、冰鲜肉，是指动物屠宰后将卫生检验合格的动物胴体迅速冷却到肉类冰点以上、7℃以下，在此温度下，对动物胴体进行加工、贮运和销售的肉类。冷却肉具有营养、卫生、安全、鲜嫩的特点，从而体现出比热鲜肉、冷冻肉具有更多的优越性，因此冷却肉得到了越来越多消费者的青睐，成为肉制品市场消费的热点，低温肉制品是肉制品的一种发展趋势。

(三)大力开发保健肉制品

随着经济社会的发展和生活水平的提高，人们越来越注重饮食与健康的关系，对具有高品质和功能性兼具的食品的需求也逐渐增大，低脂肪、低盐、低糖、高蛋白质的“三低一高”肉制品的发展前景广阔；功能性肉制品，如低胆固醇肉制品、低硝酸盐肉制品、含膳食纤维肉制品、复合功能肉制品等，具有调节人体生理功能，又有营养功能和感官功能，能满足特殊消费人群的需要，市场需求量庞大；保健型肉制品，如儿童生长增智型、中老年营养保健型、运动员保健型、女士保健型等保健肉制品的开发和应用，将越来越受到人们的欢迎，这也是肉制品加工业的一种发展趋势。

第二节 肉制品的标准化生产

一、腌腊肉制品

(一)腌制的基本原理

腌腊肉制品是我国传统的肉制品之一，指原料肉经预处理、腌制、脱水、贮藏成熟而成的一类肉制品。腌腊肉制品的特点是：肉质细致紧密，色泽红白分明，滋味咸鲜可口，风味独特，便于携带和贮藏。腌腊肉制品主要包括腊肉、咸肉、板鸭、中式火腿、西式火腿等。

肉的腌制是肉品贮藏的一种传统手段，也是肉品生产中常用的加工方法。肉的腌制通常是用食盐或以食盐为主并添加硝酸钠、蔗糖和香辛料等辅料对原料肉进行浸渍的过程。近年来，随着食品科学的发展，在腌制时常加入品质改良剂如磷酸盐、异维生素C、柠檬酸等提高肉的保水性，以获得较高的成品率。同时腌制的目的已从单纯的防腐贮藏发展到改善风味和色泽，提高肉制品的质量，从而使腌制成为许多肉类制品加工过程中一个重要的生产环节。

1. 腌制的材料及其作用

(1)食盐的防腐作用

食盐是腌腊肉制品的主要配料，也是唯一不可缺少的腌制材料。食盐不能灭菌，但一定浓度的食盐(10%～15%)能抑制许多腐败微生物的繁殖，因而对腌腊制品具有防腐作用。肉制品中含有大量的蛋白质、脂肪等成分，但其鲜味要在一定浓度的咸味下才能表现出来。腌制过程中食盐的防腐作用主要表现在：食盐较高的渗透压，引起微生物细胞的脱水、变形，同时破坏水的代谢；影响细菌酶的活性；钠离子的迁移率小，能破坏微生物细胞的正常代谢；氯离子比其他阴离子(如溴离子)更具有抑制微生物活动的作用。此外，食盐的防腐作用还在于食盐溶液减少了氧的溶解度，氧很难溶于食盐水中，由于缺氧减少了需氧性微生物的繁殖。

(2)硝酸盐和亚硝酸盐的防腐作用

硝酸盐和亚硝酸盐可以抑制肉毒梭状芽孢杆菌的生长，也可以抑制许多其他类型腐败菌的生长。这种作用在硝酸盐浓度为0.1%和亚硝酸盐浓度为0.01%左右时最为明显。

肉毒梭状芽孢杆菌能产生肉毒梭菌毒素，这种毒素具有很强的致死性，对热稳定，大部分肉制品进行热加工的温度仍不能杀灭它，而硝酸盐能抑制这种毒素的生长，防止食物中毒事故的发生。

硝酸盐和亚硝酸盐的防腐作用受pH值的影响很大，在pH值为6时，对细菌有明显的抑制作用；当pH值为6.5时，抑菌能力有所降低；当pH值为7时，则不起作用，但其中机理尚不清楚。

(3)白糖的作用

在肉制品加工中,由于腌制过程中食盐的作用,使腌肉因肌肉收缩而发硬且咸。添加白糖则具有缓和食盐的作用,由于糖受微生物和酶的作用而产生酸,促进盐水溶液中pH值下降而使肌肉组织变软;同时白糖可使腌制品增加甜味,减轻由食盐引起的涩味,增强风味,并且有利于制作香肠的发酵。

(4)磷酸盐的保水作用

磷酸盐在肉制品加工中的作用主要是提高肉的保水性,增加黏着力。由于磷酸盐呈碱性反应,加入肉中能提高肉的pH值,使肉的膨胀度增大,从而增强保水性,增加产品的黏着力和减少养分流失,防止肉制品的变色和变质,有利于调味料浸入肉中,使肉制品有良好的外观和光泽。

2.腌制过程中的呈色变化

(1)硝酸盐和亚硝酸盐对肉色的作用

肉在腌制时,食盐会加速血红蛋白和肌红蛋白的氧化,形成高铁血红蛋白和高铁肌红蛋白,使肌肉丧失天然色泽,变成紫色调的淡灰色。为避免颜色的变化,在腌制时常使用发色剂——硝酸盐和亚硝酸盐,常用的有硝酸钠和亚硝酸钠。加入硝酸钠或亚硝酸钠后,由于肌肉中色素蛋白质和亚硝酸钠发生化学反应而形成鲜艳的亚硝基肌红蛋白和亚硝基血红蛋白,这种化合物在烧煮时变成稳定的粉红色,使肉呈现鲜艳的色泽。

发色机理:首先硝酸盐在肉中脱氮菌(或还原物质)的作用下,还原成亚硝酸盐,然后与肉中的乳酸产生复分解作用而形成亚硝酸,亚硝酸再分解产生氧化氮,氧化氮与肌肉纤维细胞中的肌红蛋白(或血红蛋白)结合产生鲜红色的亚硝基肌红蛋白(或亚硝基血红蛋白),使肉具有鲜艳的玫瑰红色。

亚硝酸是提供一氧化氮的最主要来源。实际上吸收色素的程度,与亚硝酸盐参与反应的量有关。亚硝酸盐能使肉发色迅速,但呈色作用不稳定,适用于生产过程短而不需要长期贮藏的肉制品,对那些生产周期长和需要长期贮藏的肉制品,最好使用硝酸盐。现在许多国家广泛采用混合盐料。用于生产各种灌肠时混合盐料的组成是:食盐 98%,硝酸盐 0.83%,亚硝酸盐 0.17%。

(2)发色助剂——抗坏血酸盐对肉色的稳定作用

肉制品中常用的发色助剂有抗坏血酸和异抗坏血酸及其钠盐、烟酰胺等。其助色机理与硝酸盐或亚硝酸盐的发色过程紧密相关。

如前所述,硝酸盐或亚硝酸盐的发色机理是其生成的亚硝基与肌红蛋白或血红蛋白形成显色物质。

发色助剂具有较强的还原性,其助色作用通过促进亚硝基生成,防止亚硝基及亚铁离子的氧化。抗坏血酸盐容易被氧化,是一种良好的还原剂。它能促使亚硝酸盐还原成一氧化氮,并创造厌氧条件,加速一氧化氮和肌红蛋白的形成,完成肉制品的发色作用,同时在腌制过程中防止一氧化氮再被氧化成二氧化氮,有一定的抗氧化作用。若与其他添加剂混合使用,能防止肌肉红色变褐。

腌制液中复合磷酸盐会改变盐水的 pH 值,会影响抗坏血酸的助色效果,因此往往在加抗坏血酸的同时加入助色剂烟酰胺。烟酰胺也能形成稳定的烟酰胺肌红蛋白,使肉呈红色,且烟酰胺对 pH 值的变化不敏感。据研究,同时使用抗坏血酸和烟酰胺助色效果好,且成品的颜色对光的稳定性要好得多。

目前世界各国在生产肉制品时,都非常重视抗坏血酸的使用。其最大使用量为 0.1%,一般为 0.025%~0.05%。

(3)影响腌制肉制品色泽的因素

①发色剂的使用量

为了确保食用安全,我国国家标准规定:在肉制品中硝酸钠的最大使用量为 0.05%;亚硝酸钠的最大使用量为 0.15g/kg,在这个安全范围内使用发色剂的多少和原料肉的种类、加工生产条件及气温情况等因素有关。一般气温越高,呈色作用越快,发色剂可适当少添加一些。

②肉的 pH 值

肉的 pH 值也影响亚硝酸盐的发色作用。亚硝酸钠只有在酸性介质中才能还原成一氧化氮，所以当pH值呈中性时肉色就淡，特别是为了提高肉制品的保水性，常加入碱性磷酸盐，这会引起pH值升高，影响呈色效果，所以应注意其用量。在过低的pH值环境中，亚硝酸盐的消耗量增大，如使用亚硝酸盐过量，又易引起绿变，发色的最适pH值范围一般为5.6～6.0。

③温度

生肉呈色的过程比较缓慢，但经烘烤、加热后，反应速度会加快。如果配好料后不及时处理，生肉就会褪色，特别是灌肠机中的回料常因氧化而褪色，这就要求操作迅速、及时加热。

④腌制添加剂

一方面，添加蔗糖和葡萄糖，由于其还原作用，可影响肉色强度和稳定性；加烟酸、烟酰胺也可形成比较稳定的红色，但这些物质无防腐作用，还不能代替亚硝酸钠。另一方面，香辛料中的丁香对亚硝酸盐还有消色作用。

⑤其他因素

微生物和光线等也会影响腌肉色泽的稳定性，正常腌制的肉，切开后置于空气中，切面会逐渐发生褐变，这是因为一氧化氮肌红蛋白在微生物的作用下引起卟啉环的变化。有时制品在避光的条件下贮藏也会褪色，如灌肠制品由于灌得不紧，空气混入馅中，气孔周围的颜色变成暗褐色。肉制品的褪色与温度有关，在2～8℃的温度条件下其褪色速度比在15～20℃以上的温度条件下要慢一些。

综上所述，为了使肉制品获得鲜艳的颜色，除了要有新鲜的原料外，必须根据腌制时间长短，选择合适的发色剂，掌握适当的用量，在适宜的酸碱条件下严格操作。此外，要注意低温、避光并添加抗氧化剂，真空包装或充氮包装，添加去氧剂脱氧等方法避免氧气的影响，以保持腌肉制品的色泽。

3.腌制过程中的保水变化

腌制除了改善肉制品的风味，提高贮藏性能，增加诱人的颜色外，还可以提高原料肉的保水性和黏结性。

(1)食盐的保水作用

食盐能使肉的保水作用增强。钠离子和氯离子与肉蛋白质结合,在一定的条件下蛋白质立体结构发生松弛,使肉的保水性增强。此外,食盐腌肉使肉的离子强度提高,肌纤维蛋白质数量增多,在这些纤维状肌肉蛋白质加热变性的情况下,将水分或脂肪包裹起来凝固,使肉的保水性提高。

肉在腌制时由于吸收腌制液中的水分和盐分而发生膨胀。对膨胀影响较大的是 pH 值、腌制液中盐的浓度、肉量与腌制液的比例等。肉的 pH 值越高其膨润度越大,盐水浓度在 8%～10%时膨润度最大。

(2)磷酸盐的保水作用

磷酸盐有增强肉的保水性和黏结性的作用。以下是其作用机理。

①磷酸盐呈碱性反应,加入肉中可提高肉的 pH 值,从而增强肉的保水性。

②磷酸盐的离子强度大,肉中加入少量即可提高肉的离子强度,改善肉的保水性。

③磷酸盐中的聚磷酸盐可使肌肉蛋白质的肌动球蛋白分离为肌球蛋白、肌动蛋白,从而使大量蛋白质的分散粒子因强有力的界面作用,成为肉中脂肪的乳化剂,使脂肪在肉中保持分散状态。此外,聚磷酸盐能改善蛋白质的溶解性,在蛋白质加热变性时,能和水包在一起凝固,增强肉的保水性。

④聚磷酸盐有去除与肌肉蛋白质结合的钙和镁等碱土金属的作用,从而能增强蛋白质亲水基的数量,使肉的保水性增强。磷酸盐中以聚磷酸盐即焦磷酸盐的保水性最好,其次是三聚磷酸钠、四聚磷酸钠。

生产中常使用几种磷酸盐的混合物,磷酸盐的添加量一般在 0.1%～0.3%的范围,添加磷酸盐会影响肉的色泽,并且过量使用有损肉的风味。

4. 肉的腌制方法

肉在腌制时采用的方法主要有四种，即干腌法、湿腌法、混合腌制法和注射腌制法，不同腌腊制品对腌制方法有不同的要求，有的产品采用一种腌制法即可，有的产品则需要采用两种甚至两种以上的腌制法。

(1)干腌法

用食盐或盐硝混合物涂擦肉块，然后堆放在容器中或堆叠成一定高度的肉垛。操作和设备简单，在小规模肉制品厂和农村多采用此法。腌制时由于渗透和扩散作用，由肉的内部分泌出一部分水分和可溶性蛋白质与矿物质等形成盐水，逐渐完成其腌制过程，因而腌制需要的时间较长。干腌时产品总是失水的，失去水分的程度取决于腌制的时间和用盐量。腌制周期越长，用盐量越高，原料肉越瘦，腌制温度越高，产品失水越严重。

干腌法生产的产品有独特的风味和质地，中式火腿、腊肉均采用此法腌制。国外采用干腌法生产的比例很少，主要是一些带骨火腿如乡村火腿。干腌的优点是操作简便，不需要多大的场地，蛋白质损失少，水分含量低，耐贮藏；缺点是腌制不均匀，失重大，色泽较差，盐不能重复利用，工人劳动强度大。

(2)湿腌法

湿腌法即盐水腌制法，就是在容器内将肉品浸没在预先配制好的食盐溶液内，并通过扩散和水分转移，让腌制剂渗入肉品内部，并获得比较均匀的分布，直至它的浓度和盐液浓度相同的腌制方法。

湿腌法的优点是：腌制后肉的盐分均匀，盐水可重复使用，腌制时降低了工人的劳动强度，肉质较为柔软；不足之处是蛋白质流失严重，所需腌制时间长，风味不及干腌法，含水量高，不易贮藏。

(3)混合腌制法

混合腌制法是采用干腌法和湿腌法相结合的一种方法。可先进行干腌，放入容器中之后，再放入盐水中腌制或在注射盐水后，用干的硝盐混合物涂擦在肉制品上，放在容器内腌制。这种方法应用最为普遍。

干腌和湿腌相结合可减少营养成分流失，增加贮藏时的稳定性，防止产品过度脱水，咸度适中。

(4)注射腌制法

为了加速腌制液渗入肉的内部，在用盐水腌制时先用盐水注射，再放入盐水中腌制。盐水注射法分动脉注射腌制法和肌肉注射腌制法。

①动脉注射腌制法

动脉注射腌制法是使用泵将盐水或腌制液经动脉系统压送入分割肉或腿肉内的腌制方法。但一般分割胴体的方法并不考虑原来的动脉系统的完整性，故此法只能用于腌制前后腿。此法的优点在于腌制液能迅速渗透肉的深处，不破坏组织的完整性，腌制速度快；不足之处是用于腌制的肉必须是血管系统没有损伤、刺杀放血良好的前后腿，同时产品容易腐败变质，必须进行冷藏。

②肌肉注射法

肌肉注射法分单针头和多针头两种，肌肉注射用的针头大多为多孔的，单针头注射法适合于分割肉，一般每块肉注射3～4针，注射量为85g左右，一般增重10%，肌肉注射可在磅秤上进行。

多针头肌肉注射最适合用于形状整齐而不带骨的肉类，肋条肉最为适宜。带骨或去骨肉均可采用此法。多针头机器，由于针头数量大，两针相距很近，注射时肉内的腌制液分布较好，可获得预期的效果。肌肉注射时腌制液经常会过多地聚集在注射部位的四周，短时间难以散开，因而肌肉注射时就需要较长的注射时间以便充分扩散腌制液而不至于聚集过多。

盐水注射法可以降低操作时间，提高生产效益，降低生产成本，但其成品质量不及干腌制品，风味稍差，煮熟后肌肉收缩的程度比较大。

(二)腌腊肉制品标准化生产

1. 咸肉

咸肉是以鲜肉为原料，用食盐腌制而成的肉制品。咸肉也分为带骨和不带骨两种，带骨肉按加工原料的不同，有“连片”“段片”“小块”“咸腿”之别。咸肉在我国各地都有生产，品种繁多，式样各异，其中以浙江咸肉、如皋咸肉、四川咸肉、上海咸肉等较为有名。如浙江咸肉皮薄、颜色嫣红、肌肉光洁、色美味鲜、气味醇香、又能久藏。咸肉加工生产大致相同，其特点是用盐量多。

(1)生产流程

原料选择→修整→开刀门→腌制→成品包装

(2)操作要点

①原料选择

鲜猪肉或冻猪肉都可以作为原料，肋条肉、五花肉、腿肉均可，但需肉色好，放血充分，且必须经过卫生检验部门检疫合格，若为新鲜肉，必须摊开凉透；若是冻肉，必须解冻微软后再行分割处理。

②修整

先削去血脖部位污血，再割除血管、淋巴、碎油及横膈膜等。

③开刀门

为了加速腌制，可在肉上割出刀口，俗称“开刀门”。刀口的大小深浅和多少取决于腌制时的气温和肌肉的厚薄。一般气温在 10～15℃时应开刀门，刀口可大而深，加速食盐的渗透，缩短腌制时间；气温在 10℃以下时，少开或不开刀门。

④腌制

在 3～4℃条件下腌制。温度高，腌制过程快，但易发生腐败；温度低，腌制慢，风味好。干腌时，用盐量为肉重的 14%～20%，硝石 0.05%～0.75%，以盐、硝混合涂抹于肉表面，肉厚处多擦些，擦好盐的肉块堆垛腌制。第一层皮面朝下，每层间再撒一层盐，依次压实，最上一层皮面向上，于表面多撒些盐，每隔 5～6d，上下互相调换一次，同时补撒食盐，经 25～30d 即成。若用湿腌法腌制时，用开水配成 22%～35%的食盐液，再加 0.7%～1.2%的硝石，2%～7%食糖(也可不加)。将肉成排地堆放在缸或木桶内，加入配好冷却的澄清盐液，以浸没肉块为度。盐液重为肉重的 30%～40%，肉面压以木板或石块。每隔 4～5d 上下层翻转一次，15～20d 即成。出品率为 90%。

(3)分级标准

咸肉的分级标准见表 2－1。

表 2－1　咸肉分级标准

项目	一级鲜度	二级鲜度
色泽	色泽鲜明，肌肉呈红色，脂肪透明或呈乳白色	色泽稍暗，肌肉呈暗红色或咖啡色，脂肪乳白色，表面可以有霉点，但擦后无痕迹
组织形态	肉身干爽、结实	肉身稍软
气味	具有鲜肉固有风味	风味略减，脂肪有轻度酸味

2. 腊肉

腊肉是指我国南方冬季（腊月）长期贮藏的腌肉制品。用猪肋条肉经剔骨、切割成条状后用食盐及其他调料腌制，经长期风干、发酵或经人工烘烤而成，食用时需加热处理。腊肉的品种很多，选用鲜猪肉的不同部位都可以制成各种不同品种的腊肉，依产地分为广东腊肉、四川腊肉、湖南腊肉等，其产品的品种和风味各具特色。广东腊肉以色、香、味、形俱佳而享誉中外，其特点是选料严格，制作精细、色泽美观、香味浓郁、肉质细嫩、芬芳醇厚、甘甜爽口。四川腊肉的特点是色泽鲜明，皮肉红黄，肥膘透明或乳白，腊香带咸。湖南腊肉肉质透明，皮呈酱紫色、肥肉亮黄、瘦肉棕红、风味独特。

（1）生产流程

腊肉的生产在全国各地生产工艺大同小异，一般生产流程为：

选料修整→配制调料→腌制→风干、烘烤或熏烤→成品→包装

（2）操作要点

①选料修整。最好采用皮薄肉嫩、肥膘在 1.5cm 以上的新鲜猪肋条肉为原料，也可选用冰冻肉或其他部位的肉。根据品种不同和腌制时间的长短，猪肉切割的大小也不同，广式腊肉切成长 38～50cm，每条重 180～200g 的薄肉条；四川腊肉则切成每块长 27～36cm、宽 33～50cm 的腊肉块。家庭制作的腊肉肉条大都超过上述标准，而且多是带骨的。肉条切好后，用尖刀在肉条上端 3～4cm 处穿一小孔，便于腌制后穿绳吊挂。

②配制调料。不同品种所用的配料不同，同一种品种在不同季节的生产配料也有所不同。消费者可根据自己喜好的口味进行配料选择。

③腌制。一般采用干腌法、湿腌法和混合腌制法。

干腌。取肉条和混合均匀的配料在案上擦抹，或将肉条放在盛配料的盆内搓揉均可，搓擦要求均匀擦遍，对肉条皮面适当多擦，擦好后按皮面向下、肉面向上的顺序，一层一层叠放在腌制缸内，最上面的一层肉面向下、皮面向上。剩余的配料可撒抹在肉条的上层，腌制中期应翻缸一次，即把缸内的肉条从上到下依次转到另一个缸内，翻缸后继续进行腌制。

湿腌。这是腌制去骨腊肉常用的方法，取切好的肉条逐条放入配制好的腌制液中，湿腌时应使肉条完全浸泡在腌制液中，腌制时间为15～18h，中间翻缸两次。

混合腌制。即将干腌后的肉条再浸泡入腌制液中进行湿腌，使腌制时间缩短，肉条腌制更加均匀。混合腌制时食盐用量不得超过6%。使用陈的腌制液时，应先清除杂质，并在80℃温度下煮30min，过滤后冷却备用。

④风干、烘烤或熏烤。在冬季，家庭自制的腊肉常放在通风阴凉处自然风干。工业化生产腊肉常年均可进行，就需进行烘烤，使肉坯水分快速脱去而又不能使腊肉变质发酸。腊肉因肥膘肉较多，烘烤时温度一般控制在45～55℃，烘烤时间因肉条大小而异，一般24～72h不等。烘烤过程中温度不能过高以免烤焦、肥膘变黄；也不能太低，以免水分蒸发不足，使腊肉发酸。烤房内的温度要求恒定，不能忽高忽低，影响产品质量。经过一定时间烘烤，表面干燥并有出油现象，即可出烤房。

烘烤后的肉条，送入干燥通风的晾挂室中晾挂冷却，等肉温降到室温即可。如果遇雨天应关闭门窗，以免受潮。

熏烤是腊肉加工的最后一道工序，有的品种不经过熏烤也可食用。烘烤的同时可以进行熏烤，也可以先烘干，完成烘烤工序后再进行熏制，采用哪一种方式可根据生产厂家的实际情况而定。

家庭熏制自制腊肉更简捷，把腊肉挂在距灶台1.5m的木杆上（农村做饭菜用的柴火灶），利用烹调时的熏烟熏制。这种方法烟淡、温度低且常间歇，所以熏制缓慢，通常要熏15～20d。

⑤成品。烘烤后的肉坯悬挂在空气流通处，散尽热气后即为成品。成品率为70%左右。

⑥包装。现多采用真空包装，250g、500g不同规格包装较多，腊肉烘烤或熏烤后待肉温降至室温即可包装。真空包装腊肉保质期可达6个月以上。

(3)注意事项

①腌制时间视腌制方法、肉条大小、室温等因素而有所不同，腌制时间最短3～4h即可，腌制周期长的也可达7d左右，以腌好、腌透为标准。

②腌制腊肉无论采用哪种方法，都应充分搓擦，仔细翻缸，腌制室温度保持在0～10℃。

③有的腊肉品种，像带骨腊肉，腌制完成后还要洗肉坯。目的是使肉皮内外盐度尽量均匀，防止在制品表面产生白斑(盐霜)和一些有碍美观的色泽。洗肉坯时用铁钩把肉皮吊起或穿上线绳后，在装有清洁冷水的缸中摆荡清洗。

④肉坯经过洗涤后，表层附有水滴，在烘烤、熏烤前需把水晾干，可将清洗干净的肉坯连钩或绳挂在晾肉间的晾架上，没有专设晾肉间的可挂在空气流通而清洁的地方晾干。晾干的时间应视温度和空气流通情况适当掌握，温度高、空气流通，晾干时间可短一些，反之则长一些。有的地方制作的腊肉不进行清洗，它的晾干时间根据用盐量来决定，一般为带骨腊肉不超过0.5d、去骨腊肉在1d以上。

3. 中式火腿

中式火腿用整条带皮猪腿为原料，经腌制、水洗和干燥，长时间发酵制成的肉制品。产品加工期近半年，成品水分低，肉呈紫红色，有特殊的腌腊香味，食前需熟制。中式火腿分为三种：南腿，以金华火腿为代表；北腿，以如皋火腿为代表；云腿，以云南宣威火腿为代表。南北火腿的划分以长江为界。

云南宣威火腿的历史悠久，驰名中外，属华夏三大名火腿之一。其形似琵琶，皮色蜡黄，瘦肉呈桃红色或玫瑰色，肥肉乳白色，肉质滋嫩，香味浓郁，咸香可口，以色、香、味、形著称。下面介绍宣威火腿的加工方法。

(1)生产流程

鲜腿修割定形→上盐腌制→堆码翻压→洗晒整形→上挂风干→发酵管理→成品

(2)操作要点

①鲜腿修割定形。鲜腿毛料支重以7～15kg为宜，在通风较好的条件下，经10～12h冷凉后，根据腿的大小形状进行修割，9～15kg的修成琵琶形，7～9kg的修成柳叶形。修割时，先用刀刮去皮面残毛和污物，使皮面光洁。再修去附着在肌膜和骨盆的脂肪和结缔组织，除净血渍，再从左至右修去多余的脂肪和附着在肌肉上的碎肉，切割时做到刀路整齐、切面平滑、毛光血净。

②上盐腌制。将经冷凉并修割定形的鲜腿上盐腌制，用盐量为鲜腿重量的6.5%～7.5%，每隔2～3d上盐一次，一般分3～4次上盐，第一次上盐2.5%，第二次上盐3%，第三次上盐1.5%(以总盐量7%计)。腌制时将腿肉面朝下、皮面朝上，均匀撒上一层盐，从蹄壳开始，逆毛孔向上，用力揉搓皮层，使皮层湿润或盐与水呈糊状，反复第一次上盐结束后，将腿堆码在便于翻动的地方，2～3d后，用同样的方法进行第二次上盐，堆码；间隔3d后进行第三次上盐、堆码。三次上盐堆码三天后反复查，如有淤血排出，用腿上余盐复搓(俗称"赶盐")，使肌肉变成板栗色，腌透的则无淤血排出。

③堆码翻压。将上盐后的腌腿置于干燥、冷凉的室内，室内温度保持在7～10℃，相对湿度保持在62%～82%。堆码按大、小分别进行，大支堆6层，小支堆8～12层，每层10支。少量加工采用铁锅堆码，锅边、锅底放一层稻草或木棍做隔层。堆码翻压要反复进行三次，每次间隔4～5d，总共堆码腌制12～15d。翻码时，要使底部的腿翻换到上部，上部的翻换到下部。上层腌腿脚杆压住下层腿部血筋处，以排尽淤血。

④洗晒整形。经堆码翻压的腌腿，如肌肉面、骨缝由鲜红色变成板栗

色，淤血排尽，即可进行洗晒整形。浸泡洗晒时，将腌好的火腿放入清水中浸泡，浸泡时，肉面朝下，不得露出水面，浸泡时间看火腿的大小和气温高低而定，气温在10℃左右，浸泡时间约10h。浸泡时如发现火腿肌肉发暗，则浸泡时间酌情延长。如用流动水应缩短时间。浸泡结束后，即进行洗刷，洗刷时应顺着肌肉纤维的排列方向进行，先洗脚爪，依次为皮面、肉面到腿下部。必要时，浸泡洗刷可进行两次，第二次浸泡的时间视气温而定，若气温在10℃左右，约4h，如在春季约2h。浸泡洗刷完毕后，把火腿晾晒至皮层微干、肉面尚软时，开始整形，整形时将小腿校直，皮面压平，用手从腿面两侧挤压肌肉，使腿形丰满，整形后上挂在室外阳光下继续晾晒。晾晒的时间根据季节、气温、风速、腿的大小、肥瘦不同确定，一般2～3d为宜。

⑤上挂风干。经洗晒整形后，火腿即可上挂风干，一般采用0.7m左右的结实又干净的绳子，结成猪蹄扣捆住腿骨部位，挂在仓库楼杆钉子上，成串上挂的大支挂上、小支挂下，或大、中、小分类上挂，每串一般4～6支，上挂时应做到皮面、肉面一致，支与支之间保持适当距离，挂与挂之间留有人行道，以便于观察和控制发酵条件。

⑥发酵管理。上挂初期至清明节前，严防春风的侵入，以免造成暴干开裂。注意适时开窗1～2h，保持室内通风干燥，使火腿逐步风干。立夏节令后，及时开关门窗，调节库房温度、湿度，让火腿充分发酵。楼层库房必要时应楼上、楼下调换上挂管理，使火腿发酵鲜化一致。端午节后要适时开窗，保持火腿干燥结实，防止火腿回潮。发酵阶段室温应控制在月均13～16℃、相对湿度72%～80%。日常管理工作中应注意观察火腿的失水、风干和霉菌生长情况，根据气候变化，通过开关门窗、生火升温来控制库房温、湿度，创造火腿发酵鲜化的最佳环境条件。火腿发酵基本成熟后（大腿一般要到中秋节），仍应加强日常发酵管理工作，直到火腿调出时方能结束。

4. 西式火腿

西式火腿大都是用大块肉经整形修割（剔去骨、皮、脂肪和结缔组织)，再盐水注射腌制、嫩化、滚揉、充填，再经熟制、烟熏(或不烟熏)、冷却等生产制成的熟肉制品。加工过程只需2d，成品水分含量高、嫩度好。西式火腿种类繁多，虽加工生产各有不同，但其腌制都是以食盐为主要原料，而加工中其他调味料用量甚少，故又称之为盐水火腿。由于其选料精良，加工生产科学合理，采用低温巴氏杀菌，故可以保持原料肉的鲜香味，产品组织细嫩，色泽均匀鲜艳，口感良好。

(1)生产流程

选料及修整→盐水配制及注射→滚揉按摩→充填→蒸煮与冷却→成品

(2)操作要点

①原料肉的选择及修整。用于生产火腿的原料肉原则上仅选猪的臀腿肉和背腰肉，猪的前腿部位肉品质稍差。若选用热鲜肉作为原料，需将热鲜肉充分冷却，使肉的中心温度降至0～4℃。如选用冷冻肉，亦宜在0～4℃的冷库内进行解冻。

选好的原料肉经修整，去除皮、骨、结缔组织膜、脂肪和筋腱，使其成为纯精肉，然后按肌纤维方向将原料肉切成不小于300g的大块。修整时应注意，尽可能少地破坏肌肉的纤维组织，刀痕不能划得太大、太深。

②盐水配制及注射。注射腌制所用的盐水，其主要组成成分包括食盐、亚硝酸钠、糖、磷酸盐、抗坏血酸钠及防腐剂、香辛料、调味料等。按照配方要求将上述添加剂用0～4℃的软化水充分溶解，并过滤，配制成注射盐水。

③滚揉按摩。将经过盐水注射的肌肉放置在一个旋转的鼓状容器中，或者放置在带有垂直搅拌桨的容器内进行处理的过程称之为滚揉或按摩。

滚揉的方式一般分为间歇滚揉合连续滚揉两种。连续滚揉多为集中滚揉两次，首先滚揉1.5h左右，停机腌制16～24h，然后再滚揉0.5h左右。间歇滚揉一般采用每小时滚揉5～20min，停机40～55min，连续进行16～24h的操作。

④充填。滚揉以后的肉料，通过真空火腿压模机将肉料压入模具中成型。一般充填压铸成型要抽真空，其目的在于避免肉料内有气泡，造成蒸煮时损失或产品切片时出现气孔现象。火腿压模成型，一般包括塑料膜压模成型和人造肠衣成型两类。人造肠衣成型是将肉料用充填机灌入人造肠衣内，用手工或机器封口，再经熟制成型。塑料膜压模成型是将肉料充入塑料膜内再装入模具内，压上盖，蒸煮成型，冷却后脱模，再包装而成。

⑤蒸煮与冷却。火腿的加热方式一般有水煮和蒸汽加热两种方式。金属模具火腿多用水煮办法加热，充入肠衣内的火腿多在全自动烟熏室内完成熟制。为了保持火腿的颜色、风味、组织形态和切片性能，火腿的熟制和热杀菌过程一般采用低温巴氏杀菌法，即火腿中心温度达到68～72℃即可。若肉的卫生品质偏低时，温度可稍高，以不超过80℃为宜。

蒸煮后的火腿应立即进行冷却。采用水浴蒸煮法加热的产品，是将蒸煮篮重新吊起放置于冷却槽中用流动水冷却，冷却到中心温度为40℃以下；用全自动烟熏室进行煮制后，可用喷淋冷却水冷却，水温要求10～12℃，冷却至产品中心温度为27℃左右，送入0～7℃冷却间内冷却到产品中心温度至1～7℃，再脱模进行包装即为成品。

二、肠类制品

(一)肠类制品生产加工要点

肠类制品现泛指以鲜(冻)畜禽、鱼肉为原料，经腌制或未经腌制，切碎成丁或绞碎成颗粒，或斩拌乳化成肉糜，再混合添加各种调味料、香辛料、黏着剂，充填入天然肠衣或人造肠衣中，经烘烤、烟熏、蒸煮、冷却或发酵等工序制成的肉制品。

1.选料

供肠类制品用的原料肉，应来自健康牲畜，经兽医检验合格的，质量良好、新鲜的肉。热鲜肉、冷却肉或解冻肉都可以用来生产肠类制品。

2. 腌制

一般认为,在原料中加入2.5%的食盐和25g的硝酸钠,基本能适合人们的口味,并且具有一定的保水性和贮藏性。

将细切后的小块瘦肉和脂肪块或膘丁摊在案板上,撒上食盐用手搅拌,务求均匀。然后装入高边的不锈钢盘或无毒、无色的食用塑料盘内,送入0℃左右的冷库内进行干腌。腌制时间一般为2～3d。

3. 绞肉

绞肉是指用绞肉机将肉或脂肪切碎。在进行绞肉操作之前,应检查金属筛板和刀刃部是否吻合。检查结束后,要清洗绞肉机。在用绞肉机绞肉时肉温应不高于10℃。通过绞肉工序,原料肉被绞成细肉馅。

4. 斩拌

将绞碎的原料肉置于斩拌机的料盘内,剁至糊浆状称为斩拌。绞碎的原料肉通过斩拌机的斩拌。目的是使肉馅均匀混合或提高肉的黏着性,增加肉馅的保水性和出品率,减少油腻感,提高嫩度;改善肉的结构状况,使瘦肉和肥肉充分拌匀,结合得更牢固;提高制品的弹性,烘烤时不易"起油"。在斩拌机和刀具检查清洗之后,即可进入斩拌操作。首先将瘦肉放入斩拌机中,注意肉不要集中于一处,宜全面铺开,然后启动搅拌机。斩拌时加水量,一般为每50kg原料加水1.5～2kg,夏季用冰屑水,斩拌3min后把调制好的辅料徐徐加入肉馅中,再继续斩拌1～2min,便可出馅。最后添加脂肪。肉和脂肪混合均匀后,应迅速取出。斩拌时间5～6min。

5. 搅拌

搅拌的目的是使原料和辅料充分结合,使斩拌后的肉馅继续通过机械搅动达到最佳乳化效果。操作前要认真清洗搅拌机叶片和搅拌槽。搅拌操作程序是先投入瘦肉,接着添加调味料和香辛料。添加时,要洒到叶片的中央部位,靠叶片从内侧向外侧的旋转作用,使其在肉中分布均匀。一般搅拌5～10min。

6. 充填

充填主要是将制好的肉馅装入肠衣或容器内，成为定型的肠类制品。这项工作包括肠衣选择、肠类制品机械的操作、结扎串竿等。充填操作时应注意：肉馅装入灌筒要紧要实；手握肠衣要轻松，灵活掌握；捆绑灌制品要结紧结牢，不使其松散；防止产生气泡。

7. 烘烤

烘烤的作用是使肉馅的水分再蒸发掉一部分，使肠衣干燥，紧贴肉馅，并和肉馅黏合在一起，防止或减少蒸煮时肠衣的破裂。另外，烘干的肠衣容易着色，且色调均匀。烘烤温度为65～70℃，一般烘烤40min即可。目前采用的有木柴、煤气、蒸汽、远红外线等烘烤方法。

8. 煮制

肠类制品煮制一般用方锅，锅内铺设蒸汽管，锅的大小根据产量而定。煮制时先在锅内加水至锅的容量的80%左右，随即加热至90～95℃。然后放入红曲，加以拌和后，关闭气阀，保持水温80℃左右，将肠制品放入锅内，排列整齐。煮制的时间因品种而异。如小红肠，一般需10～20min，其中心温度72℃时，证明已煮熟。煮熟后的肠制品出锅后，用自来水喷淋掉制品上的杂物，待其冷却后再烟熏。

9. 熏制

熏制主要是赋予肠类制品以烟熏的特殊风味，增强制品的色泽，并通过脱水作用和烟熏成分的杀菌作用增强制品的贮藏性。传统的烟熏方法是燃烧木头或锯木屑，烟熏时间依产品的规格质量要求而定。目前，许多国家采用烟熏液处理来代替烟熏生产。

(二)肠类制品标准化生产

1. 卤味香肠

将中式的风味与香肠结合，用老卤代替冰水溶解辅料，灌装后用老卤卤制代替蒸煮生产，既实现了规模化生产，又保持了接近传统卤肉制品的独特风味。

(1)生产流程

原料→解冻→绞肉→搅拌→灌肠→熟制→干燥→冷却→真空包装→杀菌、入库

(2)加工要点

①原料选择。选择新鲜或冷冻肉,要求无碎骨、伤肉、淤血、淋巴结、脓包等。原料肉来自非疫区,经宰前检疫和宰后检验,符合食用标准且有检疫合格证明。冷冻肉结冻良好,储藏时间半年以下;新鲜肉经预冷排酸,肉质新鲜,无杂质,无污染。

原料:猪肉。

香辛料:八角、桂皮、花椒、山柰、香叶、丁香、白芷、草果、葱、姜。

调味料:盐、糖、味精、料酒、老抽。

其他:玉米淀粉、分离蛋白、卡拉胶、亚硝酸盐、红曲红、复合磷酸盐。

②解冻。肉制品常用的解冻方法有水解冻和空气自然解冻。水解冻时,首先将解冻池用洁净水冲洗干净。将池内放入适量水,将肉块除去外包装放入池内,肉块应全部浸入水中;拆去的包装物等应及时清出工作场地;根据季节调整进排水量,使解冻池内的水温控制在10℃左右,解冻至肉块内部微有冰晶时即可进行分割修整。解冻后的原料放置时间一般不能超过5h(根据气候季节而定),应随时进行分割修整。自然解冻时,应注意控制环境温度在15～18℃,保持较高的湿度和良好的卫生,肉中心温度达到－4～0℃时终止解冻,时间控制在20～24h。

采取空气自然解冻,这种方法较其他解冻方式所用的时间长,但汁液流出量少,肉色及滋味变化不明显。之后再用自来水清洗干净,剔除脂肪,修去板筋、淋巴、筋膜及软骨。

③绞肉。将解冻后的肉分割成合适大小的肉块,用8mm孔板绞肉;3∶7肉用3mm孔板绞肉,环境温度控制在12℃以下。

④搅拌、腌制。准确按配方称量所需辅料,将老卤汁过滤后冷藏待用。先将腌制好的肉料倒入搅拌机里,搅拌20min,充分提取肉中的盐溶

蛋白,然后按先后顺序添加食盐、白糖、味精、香辛料、料酒等辅料和一半的卤水,充分搅拌成黏稠的肉馅,最后加入玉米淀粉,剩余的卤水充分搅拌均匀,搅拌至发黏、发亮。在整个搅拌过程中,肉馅的温度要始终控制在10℃以下。搅拌好的馅料送入0～4℃腌制间腌制24h。

⑤灌装。准备好需用的灌装材料,做好灌装前准备。选用38～40mm规格的猪肠衣灌装,根据产品要求扭结后,摆杆、上架,注意产品摆放均匀,半成品在灌装工序停留时间不得超过1h。

由于香肠含有一定的分离蛋白和淀粉,在卤制过程中会吸水膨胀,容易破裂,必须选择比一般肠衣略厚的动物肠衣灌装。

⑥熟制。在锅中加入清水,再加入筒子骨和鸡骨熬制成白汤,完全煮烂后捞出骨头和残渣,加入香辛料熬煮2h,最后加入盐、糖、味精等调味料,将老卤熬制好。先将半成品经55℃烘烤20min至肠体外表干燥再进行卤制。在卤制过程中保持卤水温度相对恒定,控制在70～85℃。为了增加卤味香肠的底味,可以适度添加一些具有肉香味的高档骨膏类产品在卤汁里。为了使卤味香肠色泽更加自然,可以在卤制过程中使用既是香辛料又含有天然色素的黄栀子、姜黄、红辣椒等进行着色。卤制120min即可出锅。

卤水最好当天熬制冷却后使用,未用完的卤水经充分冷却后及时送入冷库贮存,并必须用防护罩将卤水进行防护,注意卤水不能保存太久,储存3d以内的卤水可以直接使用。超过3d必须重新进行熬制,严禁直接使用。由于卤汁中含有一定的盐分,因此在配方设计时必须考虑到这部分盐分,在加盐的过程中将卤汁中的盐分减去。

⑦干燥、冷却。出锅后再55℃烘烤30min,在通风处冷却至室温。产品温度接近室温时立即进入预冷室预冷,预冷室的空气需用清洁的空气机强制冷却,预冷温度要求0～4℃,冷却至香肠中心温度在10℃以下。

⑧包装、杀菌、入库。产品散热达到要求以后,真空包装,(90±2)℃杀菌45min;冷却后贴标入库,置于0～4℃库中冷藏。

2.果脯香肠

(1)生产流程

原料准备、配料选择→切肉→拌料→灌肠→烘烤→风干→贮存

(2)加工要点

①配方:猪肉100kg,其中瘦肉占60%～70%,肥肉占30%～40%;冬瓜蜜饯3kg,金丝蜜枣3kg,桔饼3kg,曲酒2.5kg,盐2.8kg,白砂糖4kg,亚硝酸钠10g,维生素C10g。

②选料。猪肉选后腿臀部肌肉和前腿夹心肉及背膘;果脯选色泽正常、无虫、无霉变者。

③切肉。为了使果脯味在肉中渗透均匀,瘦肉应切成0.5cm^3的小颗粒,肥肉则切成1cm^3的颗粒。

④拌料。拌料前,先将果脯切成小颗粒并用乳钵擂捣成泥状。然后将切好的肉置于盆中,再倒入凉开水(不得超过肉量的5%)和泥状果脯以及其他辅料,充分拌匀。

⑤灌肠。先将肠衣用热水湿透、洗净,再将拌好的料通过机械或手工灌入肠内,使肠饱满,每灌到15cm长左右时用绳扎紧卡节,随后用细针将肠衣插孔,排出空气,以免肠体表面出现坑,然后用30℃温水清洗,除去表面的污油。

⑥烘烤。将清洗后的香肠挂在竹竿上,先晾干表面水分,然后进行烘烤烟熏或晾晒。烘烤烟熏时以50～60℃为宜,温度过高会使脂肪融化,出现空隙,污染香肠表面,降低了品质;温度过低,既不利于干燥,且易引起发酸变质。同时应注意需经常翻动,使水分蒸发均匀,晾晒时不得与雾接触。

⑦风干。将烤好的果脯香肠悬挂于凉爽通风处,风干至肠体干燥,手摸有坚挺感觉时即为成品。风干通常需3d～5d。

⑧贮存。将成品悬挂在阴凉干燥处,存放3～5个月不会变质。

3.烟熏香肠

(1)生产流程

原料肉→盐渍→绞肉→斩拌→充填→烟熏→蒸煮→冷却→包装

实际操作时，也有将烟熏和蒸煮的顺序颠倒进行的。

(2)加工要点

①原料肉的选择与修整。选择兽医卫生检验合格的可食用动物瘦肉及内脏作原料，肥肉只能用猪的脂肪。瘦肉要除去骨、筋腱、肌膜、淋巴血管、病变及损伤部位。

②低温腌制。将选好的肉类根据加工要求切成一定大小的肉块，按比例添加配好的混合盐进行腌制。混合盐以食盐为主，加入一定比例的亚硝酸盐、抗坏血酸或异抗坏血酸。通常盐占原料肉重的2%～3%，亚硝酸盐占0.025%～0.05%，抗坏血酸占0.03%～0.05%。腌制温度一般在10℃以下，最好是4℃左右，腌制1～3d，腌制作用是调节口味，改善产品的组织状态，促进发色效果。

③绞肉或斩拌。腌制好的肉可用绞肉机绞碎或用斩拌机斩拌。为了使肌肉纤维蛋白形成凝胶和溶胶状态，使脂肪均匀分布在蛋白质的水化系统中，提高肉馅的黏度和弹性，通常要用斩拌机对肉进行斩拌。原料经过斩拌后，激活了肌原纤维蛋白，使之结构改变，减少表面油脂，使成品具有鲜嫩细腻、极易消化吸收的特点，出品率也大大提高。斩拌时肉吸水膨润，形成富有弹性的肉糜，因此斩拌时需加冰水，加入量为原料的30%～40%，斩拌时投料顺序是：牛肉→猪肉(先瘦后肥)→其他肉类→冰水→调料等。斩拌时间不宜过长，一般以10～20min为宜。斩拌温度最高不宜超过10℃。

④配料与制馅。在斩拌后，通常把所有调料加入斩拌机内进行斩拌直到均匀。

⑤灌制与填充。将斩拌好的肉馅移入灌肠机内灌制和填充。灌制时必须掌握均匀，过松易使空气渗入而变质，过紧则在煮制时可能破损。如不是真空连续灌制，应及时针刺放气。灌好的湿肠按要求打结后悬挂在烘烤架上，用清水冲去表面的油污，然后送入烘烤房进行烘烤。

⑥烘烤。烘烤的目的是使肠衣表面干燥，增加肠衣的机械强度和稳定性；使肉馅色泽变红；去除肠衣的异味。烘烤在温度65～80℃下维持1h左右，使肠的中心温度达到55～65℃。烘好的灌肠表面干燥光滑，无

油流，肠衣半透明，肉色红润。

⑦蒸煮。水煮优于汽蒸，前者质量损失少，表面无皱纹，后者操作方便，节省能源，破损率低。水煮时，先将水加热至 90～95℃，把烘烤后的肠下锅，保持水温 78～80℃，直到肉馅中心温度达到 70～72℃时为止。感官鉴定方法是以手轻捏肠体，挺直有弹性，肉馅切面平滑有光泽表示煮熟。汽蒸时，只待肠的中心温度达到 72～75℃时即可。蒸煮速度通常为 1mm/min。例如肠的直径为 70mm 时，则需要蒸煮 70min。

⑧烟熏。烟熏可促进肠表面干燥、有光泽，形成特殊的烟熏色泽（茶褐色）；增强肠的韧性；使产品具有特殊的烟熏芳香味；提高防腐能力和耐储藏性。

⑨冷却储藏。未包装的灌肠吊挂存放，储存时间依种类和条件而定。湿肠含水量高，如在 8℃条件下，相对湿度 75%～78%时可悬挂 3 昼夜，在 20℃条件下只能悬挂 1 昼夜。水分含量不超过 30%的灌肠，当温度为 12℃、相对湿度为 72%时，可悬挂存放 25～30d。

合格成品具有下列特征：肠衣干燥完整，与肉馅密切结合，内容物坚实有弹性，表面有散布均匀的核桃褶皱，长短一致，精细均匀，切面平滑光亮。

三、酱卤制品

（一）酱卤制品的种类

酱卤制品种类繁多，根据加入调料的种类与数量不同划分为：五香（或红烧）制品、酱汁制品、卤制品、蜜汁制品、糖醋制品、白煮制品、糟制品等。其中五香制品无论是在品种上还是在销量上都是最多的。

五香制品：五香制品在制作中使用较多的酱油，同时加入了八角、桂皮、丁香、花椒、小茴香等多种香料，产品的特点是色深、味浓。

酱汁制品：是以酱制为基础，加入红曲米为着色剂，在肉制品煮制至即将干汤出锅时把熬好的糖汁刷在肉上。产品为樱桃红色，稍带甜味且酥润。

卤制品：是先调制好卤汁或加入陈卤，然后将原料肉放入卤汁中，开始用大火，煮沸后改用小火慢慢卤制。陈卤使用时间越长，香味和鲜味越浓。产品特点是酥烂、香味浓郁。

蜜汁制品：在制作中加入多量的糖分和红曲米水，产品多为红色，表面发亮，色浓味甜，鲜香可口。

糖醋制品：在辅料中加入糖和醋，产品具有甜酸的滋味。制品在白煮的过程中，只加盐不加其他辅料，也不用酱油，产品基本上仍是原料的本色。

白煮制品：在制作中只加盐，产品基本上仍是原料的本色。

糟制品：是在白煮的基础上，用“香糟”调味的一种冷食熟肉制品。

(二)调味和煮制

在水中加食盐或酱油等调味料以及香辛料，经煮制而成的一类熟肉类制品，称为酱卤制品。

酱卤制品是我国传统的一类肉制品，其主要特点是成品都是熟的，可以直接食用，产品酥润，有的带有卤汁，不易包装和贮藏，适合就地生产、就地供应。酱卤制品突出调味与香辛料以及肉的本身香气，食之肥而不腻，瘦不塞牙。酱卤制品随地区不同，在风味上有甜、咸之别。北方的酱卤制品咸味重，如符离集烧鸡；南方制品则味甜、咸味轻，如苏州酱汁肉。由于季节不同，制品风味也不同，夏天口重，冬天口轻。

酱卤制品的加工方法主要有两个过程：一是调味，二是煮制(酱制)。

1. 调味

调味就是根据不同品种、不同口味加入不同种类或数量的调料，加工成具有特定风味的产品。

调味是制作酱卤制品的关键。必须严格掌握调料的种类、数量以及投放的时间。根据加入调料的作用和时间大致分为基本调味、定性调味和辅助调味三种。

基本调味：在原料整理后未加热前，用盐、酱油或其他辅料进行腌制，以奠定产品的咸味，叫基本调味。

定性调味：原料下锅加热时，随同加入辅料如酱油、酒、香辛料等，以决定产品的风味，叫定性调味。

辅助调味:原料加热煮熟后或即将出锅时加入糖、味精等,以增加产品的色泽、鲜味,叫辅助调味。

2. 煮制

煮制是酱卤制品加工中主要的生产环节,其对原料肉实行热加工的过程中,使肌肉收缩变形,降低肉的硬度,改变肉的色泽,提高肉的风味,达到熟制的作用。加热的方式有水、蒸汽、油等,通常多采用水加热煮制。

(1)煮制方法

在酱卤制品加工中,煮制方法包括清煮和红烧。

清煮又称预煮、白煮、白锅等。其方法是将整理后的原料肉投入沸水中,不加任何调料,用较多的清水进行煮制。清煮在红烧前进行,主要目的是去掉肉中的血水和肉本身的腥味或气味。清煮的时间因原料肉的形态和性质不同而不同,一般为15～40min。清煮后的肉汤称为白汤,清煮猪肉的白汤可作为红烧时的汤汁基础再使用,但清煮牛肉及内脏的白汤一般不再使用。

红烧又称红锅。其方法是将清煮后的肉放入加有各种调味料、香辛料的汤汁中进行烧煮,是酱卤制品加工的关键性工序。红烧后,产品的色、香、味及产品的化学成分都有较大的改变。红烧的时间随产品和肉质不同而异,一般为1～4h。红烧后剩余之汤汁叫老汤或红汤,要妥善保存,待以后继续使用。制品加入老汤进行红烧风味更佳。

另外,油炸也是某些酱卤制品的制作工序,如烧鸡等。油炸的目的是使制品色泽金黄,肉质酥软油润,还可使原料肉蛋白质凝固,排出多余的水分,使肉质紧密、定型,在酱制时不易变形。油炸的时间一般为5～15min。多数在红烧之前进行。但有的制品则经过清煮、红烧后再进行油炸,如北京烧羊肉等。

(2)煮制火力

在煮制过程中,根据火焰的大小强弱和锅内汤汁情况,可分为大火、中火、小火三种。

大火的火焰高强而稳定,使锅内汤汁剧烈沸腾。

中火的火焰较低弱而摇晃,锅内汤汁沸腾,但不强烈。

小火的火焰很弱而摇晃不定，锅内汤汁微沸或缓缓冒气。

火力的运用，对酱卤制品的风味及质量有一定的影响，除个别品种外，一般煮制初期用大火，中后期用中火和小火。大火烧煮的时间通常较短，其主要作用是尽快将汤汁烧沸，使原料初步煮熟。中火和小火烧煮的时间一般比较长，其作用可使肉品变得酥润可口，同时使配料渗入肉的深部。加热时火候和时间的掌握对肉制品质量有很大影响，需特别注意。

(三)几种典型酱卤制品的标准化生产

酱卤制品因是我国的传统肉制品，所以全国各地生产的品种很多，形成了许多名特优产品。

1. 白煮肉类——南京盐水鸭

(1)产品特点

盐水鸭是南京有名的特产，久负盛名，至今已有一千多年的历史。此鸭皮白肉嫩、肥而不腻、香鲜味美，具有香、酥、嫩的特点。每年中秋前后的盐水鸭色味最佳，又因此时的盐水鸭是在桂花盛开的季节制作的，故又美其名曰“桂花鸭”。南京盐水鸭的加工制作不受季节的限制，一年四季都可加工。南京盐水鸭的特点是腌制期短，鸭皮洁白，食之肥而不腻，鸭肉清淡可口，肉质鲜嫩。

(2)生产流程

宰杀→干腌→抠卤→复卤→煮制→成品

(3)生产要点

①原料鸭的选择。盐水鸭的制作以秋季制作的最为有名，因为经过稻田催肥的当年仔鸭，长得膘肥肉壮，用这种仔鸭做成的盐水鸭，皮肤洁白，肌肉娇嫩，口味鲜美。桂花鸭都是选用当年仔鸭制作，饲养期一般在1个月左右，这种仔鸭制作的盐水鸭最为肥美、鲜嫩。

②宰杀。选用当年生肥鸭，宰杀、放血、拔毛后，切去两节翅膀和脚爪，在右翅下开口取出内脏，用清水把鸭体洗净。

③整理。将宰杀后的鸭放入清水中浸泡2h左右，以浸出肉中残留的血液，使鸭皮表面洁白，提高产品质量。浸泡时，注意将鸭体腔内灌满水，并浸没在水面下。浸泡后将鸭取出，用手指插入肛门再拔出，以便排出体

腔内的水分。再把鸭挂起沥水约1h。取晾干的鸭放在案子上,用力向下压,将肋骨和三叉骨压脱位,将胸部压扁,这时鸭呈扁而长的形状,外观显得肥大而美观,并能在腌制时节省空间。

④干腌。干腌要用炒盐。将食盐与小茴香按100∶6的比例在锅中炒制,炒至出现小茴香之香味时即成炒盐。炒盐要保存好,防止回潮。

按6%～6.5%的盐量准备炒盐,其中3/4从右翅开口处放入腹腔,然后把鸭体反复翻转,使盐均匀布满整个腔体;剩下的1/4用于鸭体表腌制,重点擦抹在大腿、胸部、颈部开口处,擦盐后叠入缸中,叠放时使鸭腹向上、背向下,头向缸中心、尾向周边,逐层盘叠。气温高低决定干腌的时间,一般为2h左右。

⑤抠卤。干腌后的鸭子,鸭体中有血水渗出,此时提起鸭子,用手指插入鸭子的肛门,使血卤水排出。随后把鸭叠入另一只缸中,待2h后再一次抠卤,接着再进行复卤。

⑥复卤。复卤的盐卤有新卤和老卤之分。新卤就是用抠卤血水加清水和盐配制而成,每100kg水加食盐25～30kg、葱75g、生姜50g、小茴香15g,入锅煮沸后,冷却至室温即成新卤。100kg盐卤可每次复卤约35只鸭,每复卤一次要补加适量食盐,使盐浓度始终保持饱和状态。盐卤使用5～6次必须煮沸一次,撇除浮沫、杂物等,同时加盐或水调整浓度,加入香辛料。新卤在使用过程中经煮沸2～3次即为老卤,老卤越老越好。

复卤时,用手将鸭的右腋下切口撑开,使卤液灌满体腔,然后抓住双腿提起,头向下、尾向上,使卤液灌入食管通道。再次把鸭浸入卤液中并使卤液灌满体腔,最后用竹箅压住,使鸭体浸没在液面以下,不得浮出液面。复卤2～4h即可出缸挂起。

⑦烘坯。腌后的鸭体沥干盐卤,逐只挂于架子上,推至烘房内,以除去水汽,其温度为40～50℃,时间约20min。烘干后,鸭体表色未变时即可取出散热。注意:煤炉烘烤时要通风,温度不宜过高,否则将影响盐水鸭的品质。

⑧上通。用直径2cm、长10cm左右的中空竹管插入肛门,俗称"插通"或"上通"。再从开口处填入腹腔料,姜2～3片、葱一根,然后用开水

浇淋鸭体表，使鸭子肌肉收缩，外皮绷紧，外形饱满。

⑨煮制。南京盐水鸭腌制期很短，几乎都是现做现卖、现买现吃。在煮制过程中，火候对盐水鸭的鲜嫩口味相当重要，这是制作盐水鸭好坏的关键。一般制作要经过两次“抽丝”：在清水中加入适量的姜、葱、八角，待水烧开后停火，再将“上通”后的鸭子放入锅中，因为肛门有管子，右翅下有开口，汤水很快注入鸭腔，这时鸭腔内外的水温不平衡，应该马上提起左腿倒出汤水，再放入锅中，此时鸭腔内的水温还是低于锅中水温，再向锅中加入 1/6 总水量的冷水，使鸭体内外水温趋于平衡，然后盖好锅盖，再烧火加热，焖 15～20min，等到水面出现一丝一丝波纹，即沸未沸(约 90℃)、可以“抽丝”时住火；停火后，第二次提腿倒汤，再向锅中加入少量冷水，再焖 10～15min，之后再烧火加热，进行第二次“抽丝”，使水温始终维持在 85℃左右。两次“抽丝”后，才能打开锅盖看鸭子是否成熟，如大腿和胸部两旁肌肉手感绵软，并膨胀起来，说明鸭子已经煮熟。煮熟后的盐水鸭，必须等到冷却后切食。冷却后的盐水鸭脂肪凝结，肉汁不易流失，香味扑鼻，鲜嫩异常。

(4)食用方法

煮熟后的鸭子冷却切块后，取煮鸭的汤水适量，加入少量的食盐和味精，调制成最适口味，浇于鸭肉上即可食用。注意：必须将鸭子晾凉后再切，否则热切时肉汁容易流失，且肉块不成形。

2. 酱卤肉类——北京酱猪肉

(1)产品特点

北京酱猪肉的特点是热制冷吃，以色美、肉香、味醇、肥而不腻、瘦而不柴而见长。

(2)生产流程

原料整理→焯水→清汤→码锅→酱制→出锅

(3)生产要点

①原料的选择与整理。酱制猪肉，合理选择原料十分重要，应选用卫生检查合格、现行国家等级标准 2 级肉较为合适。要求：皮嫩膘薄，膘厚不超过 2cm，以肘子、五花肉等部位为佳。如果原料不经选择，加工出来

的酱肉质量就不会有保证。

酱制原料的整理加工是做好酱肉的重要一环，一般分为洗涤、分档、刀工等几道工序。

首先，用喷灯把猪皮上残留的毛烧干净，然后用小刀刮净皮上焦煳的地方。

其次，去掉肉上的排骨、杂骨、碎骨、淋巴结、淤血、杂污、板油等，最好选择五花肉，切成长 17cm、宽 14cm，厚度不超过 6～8cm 的肉块，要求达到大小均匀。

最后，将准备好的原料肉放入有流动自来水的容器内，浸泡 4h 左右，泡去一些血腥味，之后捞出并用硬刷子洗刷干净，以备入锅酱制。

②焯水。焯水是酱前预制的常用方法。目的是排除血污和腥、膻、臊等异味。所谓焯水就是将准备好的原料肉投入沸水锅内加热，煮至半熟或刚熟的操作。原料肉经过这样的处理后，再入酱锅酱制，其成品表面光洁，味道醇香，质量好，易保存。

操作时，把准备好的原料肉、盐和水同时放入铁锅内，烧开熬煮。水量一次要加足，不要中途加凉水，以免使原料肉受热不均匀而影响原料肉的水煮质量，一般控制在刚好淹没原料肉为好，控制好火力大小，以保持微沸状态，这样才能保持原料肉的鲜香和滋润度。可根据需要并视原料肉的老嫩，适时、有区别地从汤面沸腾处捞出原料肉（要一次性把原料肉同时放入锅内，不要边煮边捞，又边下料，这样会影响原料肉的鲜香味和色泽）；再把原料肉放入开水锅内煮 40min 左右，不要盖锅盖，以便随时撇出浮沫；然后捞出原料肉放入容器内，用凉水洗净原料肉上的血沫和油脂，同时把原料肉分成肥瘦、软硬两种，以待码锅。

③清汤。待原料肉捞出后，再把锅内的汤过一次箩，去尽锅底和汤中的肉渣，并把汤面浮油用铁勺撇净。如果发现汤继续沸腾，可适当加入一些凉水，使其不再沸腾，直到把杂质、浮沫撇干净，观察汤成为微透明状的清汤即可。

④码锅。原料锅要刷洗干净，不得有杂质、油污，并放入 1.5～2kg 的净水，以防干锅。用一个约 40cm 直径的圆铁箅垫在锅底，然后再用 20×

6cm 的竹板(猪下巴骨、扇骨也可以)整齐码垫在铁箅上,应注意一定要码紧、码实,以防止开锅时沸腾的汤把原料肉冲散,再把用水冲干净的原料肉放在锅中心周围,注意码锅时不要使肉渣掉入锅底。再把处理好的清汤放入码好原料肉的锅内,并漫过肉面,不要中途加凉水,以免使原料肉受热不均匀。

⑤酱制。

配料:(以 50kg 猪肉下料)花椒 100g,大葱 500g,大料 100g,鲜姜 250g,桂皮 150g,盐 2.5～3kg,小茴香 50g,白砂糖 100g。

可根据具体情况适当放一点香叶、砂仁、豆蔻、丁香等。然后将各种香辛料放入宽松的纱布袋内,扎紧袋口,不宜装得太满,以免香料遇水胀破纱袋,影响酱汁质量。大葱和鲜姜另装入一个料袋,因为大葱和鲜姜一般只使用一次。

糖色的加工:将一口小铁锅置于火上加热,放入少许油,使其在铁锅内分布均匀;再加入白砂糖,用铁勺不断推炒,将糖炒化,炒至泛大水泡后又逐渐变为小泡,此时,糖和油逐渐分离,糖汁开始变色,由白变黄,由黄变褐,待糖色变成浅黑色的时候,马上倒入适量的热水熬制一下,糖色就制成了。

酱制:码锅后,盖上锅盖,用旺火煮 2～3h,然后打开锅盖,适量放入糖色,使肉变成枣红色,以补救煮制中的成色不足。等到汤逐渐变浓时,改用中火焖煮 1h,之后用手触摸肉块是否熟软,尤其是肉皮。观察捞出肉后的肉汤是否黏稠,汤面是否保留在原料肉出锅前的$\frac{1}{3}$处,达到以上标准即为半成品。

⑥出锅。达到半成品时应及时把中火改为小火,小火不能停,保持汤汁冒小泡,否则酱汁会出油。将出锅的酱肉块整齐地码放在盘子内,皮朝上。然后把锅内的竹板、铁筒取出,使用微火继续熬制汤汁,并不停地搅拌,始终要保持汤汁内有小泡沫,直到汤汁变为黏稠状的酱汁。如果酱汁的颜色较浅,可再放入一些糖色搅拌,使酱汁达到栗色,此时赶快把熬好的酱汁从铁锅中倒出,放入洁净的容器中,继续用铁勺搅拌,使酱汁的温度降到 50～60℃时为止,再用炊帚尖部将酱汁点刷在酱肉上,晾凉即为

成品。

如果熬制时没有老汤作底料，可用猪蹄、猪皮和酱肉同时酱制，并码放在原料肉的下层，可解决酱汁质量不好或酱汁不足的缺陷。

(4)酱肉质量

长方形块状，栗子色，五香酱味，食之皮不发硬，瘦肉不塞牙，肥肉不腻口，味美清香，出品率65%。冬季生产的成品，货架期为48h；夏季生产的成品放置冷藏柜内，货架期为24h。

3. 卤肉类——德州扒鸡

(1)产品特点

扒鸡表皮光亮，色泽红润，皮肉红白分明，肉质肥嫩，松软而不酥烂，脯肉形若银丝，热时手提鸡骨抖一下，骨肉随即分离，香气扑鼻，味道鲜美，是山东德州的传统风味美食。

(2)配料标准

按每锅200只鸡、重约150kg计算：

八角100g，桂皮125g，肉蔻50g，草豆蔻50g，丁香25g，白芷125g，山萘75g，草果50g，陈皮50g，小茴香100g，砂仁10g，花椒100g，生姜250g，食盐3.5kg，酱油4kg，口蘑600g。

(3)生产流程

宰杀净毛→造型→上糖色→油炸→煮制→出锅

(4)生产要点

①宰杀净毛。选用1kg左右的当地小公鸡或未下蛋的母鸡，颈部宰杀放血，用70～80℃热水冲烫后去净羽毛；剥去脚爪上的老皮，在鸡腹下近肛门处横开3.3cm的刀口，取出内脏、食管，割去肛门，用清水冲洗干净。

②造型。将光鸡放在冷水中浸泡，捞出后在工作台上整形，将鸡的左翅自脖子下刀口插入，使翅尖由嘴内侧伸出，别在鸡背上，鸡的右翅也别在鸡背上；再把两条大腿骨用刀背轻轻砸断并起交叉，将两爪塞入鸡腹内造型，之后晾干水分。

③上糖色。将白糖炒成糖色，加水调好(或用蜂蜜加水调制)，在造好

型的鸡体上涂抹均匀。

④油炸。锅内放入花生油，在中火上烧至八成热时，将上色后的鸡体放入热油锅中，油炸1～2min，炸至鸡体呈金黄色、微光发亮即可。

⑤煮制。炸好的鸡体捞出，沥油，放在煮锅内层摆好，锅内放入清水（以没过鸡为度），加入药料包（用洁布包扎好）、拍松的生姜、精盐、口蘑、酱油，用箅子将鸡压住，防止鸡体在汤内浮动；先用旺火煮沸，小鸡煮1h，老鸡煮1.5～2h，之后改用微火焖煮，保持锅内温度90～92℃微沸状态。煮鸡时间要根据不同季节和鸡的老嫩而定，一般小鸡焖煮6～8h，老鸡焖煮8～10h，即为煮好。煮鸡的原汤可留作下次煮鸡时继续使用，使鸡肉的香味更加醇厚。

⑥出锅。出锅时，先加热煮沸，取下石块和箅子，一只手持铁钩钩住鸡脖处，另一只手拿笊篱，借助汤汁的浮力顺势将鸡捞出，力求保持鸡体完整；再用细毛刷清理鸡体，晾一会儿，即为成品。

4. 糟肉类——糟肉

(1)产品特点

色泽红亮，软烂香甜，清凉鲜嫩，爽口沁胃，肥而不腻，糟香味浓郁。

(2)配料标准

以100kg原料肉计：

花椒1.5～2kg，陈年香糟3kg，上等绍酒7kg，高粱酒500g，五香粉30g，盐1.7kg，味精100g，上等酱油500g。

(3)生产流程

原料整理→白煮→配制糟卤→糟制→产品→包装

(4)生产要点

①选料。选用新鲜的皮薄又鲜嫩的方肉、腿肉或夹心（前腿）。方肉照肋骨横斩对半开，再顺肋骨直切成长15cm、宽11cm的长方块，成为肉坯。若采用腿肉、夹心，亦切成同样规格。

②白煮。将整理好的肉坯倒入锅内烧煮。水要放到超过肉坯表面，用旺火烧，待肉汤将要烧开时，撇清浮沫，烧开后减小火力继续烧，直到骨头容易抽出来不粘肉为止。用尖筷和铲刀将肉出锅。肉出锅后一面拆

骨，一面趁热在热的肉坯的两面敷盐。

③配制糟卤。

陈年香糟的制法：香糟 50kg，用 1.5～2kg 花椒加盐拌和后，置入瓮内扣好，用泥封口，待第二年使用，称为陈年香糟。

搅拌香糟：将陈年香糟 3kg、五香粉 30g、盐 500g 放入容器内，先加入少许上等绍酒，用手搅拌，并边搅拌边徐徐加入绍酒（共 5kg）和高粱酒 200g，直到酒糟和酒完全拌合，没有结块为止，称为糟酒混合物。

制糟露：用白纱布罩于搪瓷桶上，四周用绳扎牢，中间凹下。在纱布上摊上表芯纸（表芯纸是一种具有极细孔洞的纸张，也可以用其他具有极细孔洞的纱布来代替）一张，把糟酒混合物倒在纱布上，加盖，使糟酒混合物通过表芯纸或纱布过滤，滤出的汁徐徐滴入桶内，称为糟露。

制糟卤：将白煮的白汤撇去浮油，用纱布过滤入容器内，加盐 1.2kg、味精 100g、上等绍酒 2kg、高粱酒 300g，拌和冷却。若白汤不够或汤太浓，可加一些凉开水，以保证 30kg 左右的白汤为宜。将拌和配料的白汤倒入糟露内，拌和均匀，即为糟卤。用纱布结扎留在盛器盖子上的糟渣，待糟肉生产结束时，解下即可作为喂猪的上等饲料。

④糟制。将已经凉透的糟肉坯皮朝外，圈砌在盛有糟卤的容器内。盛放糟肉的容器须事先放入冰箱内，另外可将一个盛满冰块的容器置于糟肉中间以加速其冷却，直到糟卤凝结成冻状时为止。

⑤保管方法。糟肉的保管较为特殊，必须放在冰箱内保存，并且要做到以销定产，当日生产，现切再卖，若有剩余再放入冰箱，第二天洗净糟卤后放在白汤内重新烧开，然后再糟制。回汤糟肉原已有咸度，用盐量可酌减，制好后须重新冰冻，否则会失去其特殊风味。

5. 蜜汁肉类——上海蜜汁蹄髈

(1)产品特点

制品呈深樱桃红色，有光泽，肉嫩而烂，甜中带咸。

(2)配料标准

以猪蹄髈 100kg 计：

白砂糖3kg，盐2kg，葱1kg，姜2kg，桂皮6～8块，小茴香200g，黄酒2kg，红曲米少量。

(3)生产过程

①先将蹄髈刮洗干净，倒入沸水中氽15min，捞出洗净血沫、杂质。

②先按每50kg白汤加盐2kg，将盐加入清水中烧开后备用。

③锅内先放配料，加入葱1kg、姜2kg、桂皮6～8块、小茴香200g(装入袋内)，再倒入蹄髈，将白汤加至与蹄髈高度持平；旺火烧开后，加黄酒2kg，再烧开，将红曲粉汁均匀地浇在肉上，以使肉体呈现樱桃红色为准；转为中火，烧约45min，加入冰糖或白砂糖，加盖再烧30min，烧至汤发稠、肉为八成酥、骨能抽出不粘肉时出锅；将肉平放在盘中(不能叠放)，抽出骨头。

第三章　调味品及其标准化生产

第一节　调味品概述

一、调味品基础知识

(一)基本概念

调味品是在饮食、烹饪和食品加工中广泛应用的,用于调和滋味和气味并具有去腥、除膻、解腻、增香、增鲜等作用的产品。

(二)分类

中国研制和食用调味品有悠久的历史,调味品品种众多,对于调味品的分类目前尚无定论,从不同角度可以对调味品进行不同的分类。

依调味品的商品性质和经营习惯的不同,可以将目前中国消费者所常接触和使用的调味品分为六类:酿造类调味品(酱油、食醋、酱等)、腌菜类调味品(榨菜、芽菜、泡菜等)、鲜菜类调味品(葱、蒜、姜等)、干货类调味品(胡椒、花椒、干辣椒、八角等)、水产类调味品(鱼露、虾米、虾酱、蚝油等)、其他调味品(如食盐、味精、糖、芝麻油等)。

按调味品呈味感觉又可分为咸味调味品(食盐、酱油、豆豉等)、甜味调味品(蔗糖、蜂蜜、饴糖等)、苦味调味品(陈皮、茶叶汁、苦杏仁等)、辣味调味品(辣椒、胡椒、芥末等)、酸味调味品(食醋、茄汁、山楂酱等)、鲜味调味品(味精、虾油、鱼露、蚝油等)、香味调味品(花椒、八角、料酒、葱、蒜等)。除了以上以单一味为主的调味品外,还有大量复合味的调味品,如油咖喱、甜面酱、腐乳汁、花椒盐等。

按地方风味可分为广式调料、川式调料、港式调料、西式调料等;按烹制用途可分为冷菜专用调料、烧烤调料、油炸调料、清蒸调料，还有一些特色品种调料，如涮羊肉调料、火锅调料、糟货调料等。

以下主要介绍按照终端产品进行分类的调味品。

1.食用盐

食用盐又称食盐，以氯化钠为主要成分，是用于烹调、调味、腌制的盐。按其生产和加工方法可分为精制盐、粉碎洗涤盐、日晒盐。

2.食糖

食糖是用于调味的糖，一般指用甘蔗或甜菜精制的白砂糖或绵白糖，也包括淀粉糖浆、饴糖、葡萄糖、乳糖等。

3.酱油

(1)酿造酱油：以大豆和/或脱脂大豆、小麦和/或麸皮为原料，经微生物发酵制成的具有特殊色、香、味的液体调味品。

(2)配制酱油：以酿造酱油为主体(以全氮计不得少于50%)，与酸水解植物蛋白调味液、食品添加剂等配制而成的液体调味品。

4.食醋

(1)酿造食醋：单独或混合使用各种含有淀粉、糖类的物料或酒精，经微生物发酵酿制而成的液体调味品。

(2)配制食醋：以酿造食醋为主要原料(以乙酸计不得低于50%)，与食用冰乙酸、食品添加剂等混合配制的调味食醋。

5.味精

(1)谷氨酸钠(99%味精)：以碳水化合物(淀粉、大米、糖蜜等糖质)为原料，经微生物(谷氨酸棒杆菌等)发酵、提取、中和、结晶，制成的具有特殊鲜味的白色结晶或粉末。

(2)味精(味素)：指在谷氨酸钠中，定量添加了食用盐且谷氨酸钠含量不低于80%的均匀混合物。

(3)特鲜(强力)味精：指在传统的味精中，定量添加了乌苷酸钠或肌苷酸钠等增味剂，其鲜味超过谷氨酸钠。

6. 芝麻油

芝麻油又称香油，是从油料作物芝麻的种子中制取的植物油，可用于调味。

7. 酱类

(1)豆酱：以豆类或其副产品为主要原料，经微生物发酵酿制的酱类，包括黄豆酱、蚕豆酱、味噌等。

(2)面酱：以小麦粉为主要原料，经微生物发酵酿制的酱类。

(3)番茄酱：以番茄(西红柿)为原料，添加或不添加食盐、糖和食品添加剂制成的酱类，添加辅料的品种可称为番茄沙司。

(4)辣椒酱：以辣椒为原料，经发酵或不发酵，添加或不添加辅料制成的酱类。

(5)芝麻酱：又称麻酱，是以芝麻为原料，经润水、脱壳、焙炒、研磨制成的酱品，有的加入了其他辅料。

(6)花生酱：花生果实经脱壳去衣，再经焙炒、研磨制成的酱品，有的加入了其他辅料。

(7)虾酱：以海虾为主要原料，经盐渍、发酵酶解，配以各种香辛料和其他辅料制成的酱。

(8)芥末酱：以芥菜籽粒或芥菜类植物块茎为原料制成的酱，具有刺鼻辛辣味。

8. 豆豉

豆豉是以大豆为主要原料，经蒸煮、制曲、发酵，酿制而成的呈干态或半干态颗粒状的制品。

9. 腐乳

腐乳是以大豆为原料，经加工磨浆、制坯、培菌、发酵而制成的调味、佐餐制品。

(1)红腐乳：在腐乳后期发酵的汤料中配以红曲酿制而成，外观呈红色或紫红色的腐乳。

(2)白腐乳：在腐乳后期发酵的汤料中不添加任何着色剂酿制而成，

外观呈白色或淡黄色的腐乳。

(3)青腐乳:在腐乳后期发酵过程中以低度食盐水作汤料酿制而成,具有硫化物气味、外观呈豆青色的腐乳。

(4)酱腐乳:在腐乳后期发酵过程中以酱曲为主要辅料酿制而成,外观呈棕红色的腐乳。

(5)花色腐乳:在腐乳生产过程中,因添加不同风味的辅料,酿制出风味别致的各种腐乳。

10.鱼露

鱼露是以鱼、虾、贝类为原料,在较高盐分下经生物酶解制成的鲜味液体调味品。

11.蚝油

蚝油是利用牡蛎蒸、煮后的汁液进行浓缩或直接用牡蛎肉酶解,再加入食糖、食盐、淀粉/改性淀粉等原料,辅以其他配料和食品添加剂制成的调味品。

12.虾油

用新鲜的虾经过发酵之后制作成的一种调味品称为虾油。

13.橄榄油

橄榄油是以橄榄鲜果为原料,经压榨加工而成的植物油,多用于西餐调味。

14.调味料酒

调味料酒是以发酵酒、蒸馏酒或食用酒精为主要原料,添加食用盐(可加入植物香辛料),配制加工而成的液体调味品。

15.香辛料及其调味品

(1)香辛料:香辛料主要来自各种自然生长的植物的果实、茎、叶、皮、根等,具有浓烈的芳香味、辛辣味。

(2)香辛料调味品:以各种香辛料为主要原料,添加或不添加辅料制成的制品。

①香辛料调味粉:以一种或多种香辛料经研磨加工而成的粉末状

制品。

②香辛料调味油:从香辛料中萃取其呈味成分加入植物油中制成的制品,如辣椒油、芥末油等。

③香辛料调味汁:以香辛料为主要原料,提取其中的呈味成分,制成的液体制品。

④油辣椒:香辣浓郁,可供佐餐和调味的熟制食用油和辣椒的混合体。产品中可添加或不添加辅料。

二、调味品与调味的关系

味感的构成包括口感、观感和嗅感,是调味料各要素化学、物理反应的综合结果,是人们生理器官及心理对味觉反应的综合结果。

(一)味的种类

人们通常所讲的"味道"或者"风味"其实是个十分复杂的概念,在不同的时间,在不同的环境下,人们对味道会有不同的感受。味道和风味的关系非常密切,但又是不一样的。风味的概念大于味道的概念,风味包括食物的味道(化学的味)、人对食物的感触(物理的味)、人的心理感受(心理的味)三大要素。其中,食物的味道主要是指化学性的味和气味,是由人的舌、口腔、鼻系统感受到的(调味之味);人对食物的感触主要是指对食物的颜色、形状等外观的观察所获得的印象,是由眼睛或身体的其他部分接触感受到的(质感);人的心理感受主要是指对饮食环境,食品所反映出的文化环境、习惯、嗜好、生理及健康因素等所做出的精神方面的反应(美感)。人们常说的北京风味、广东风味、四川风味、上海风味等指的绝不仅是菜肴本身的味道,还包括菜肴的味道、气味、外观形状、颜色、周围的饮食环境,菜肴所衬托出的文化背景等各方面的要素。这些综合要素共同作用于人的感官、神经和大脑之后,使人对某种食物对象产生一种综合的概念,由此而产生喜爱、兴奋、讨厌等各种不同的反应。

食物的味道是通过刺激人的味觉和嗅觉器官表现出来的。关于味的分类法有很多,目前,主流的分类法是将味分为四种基本味,即甜味、酸味、咸味和苦味。四种基本味的不同搭配和组合可以表达出各种不同的味感。

基本味又称本味，是指单纯一种味道，没有其他味道。基本味是构成复合味的基础，一般复合味由两种以上的基本味构成。人们对食品风味的识别基于食品中呈味成分的含量、状态和对呈味成分的平均感受力与识别力。呈味成分只有在合适的状态下，才能与口腔中的味蕾进行化学结合，即被味蕾所感受。当呈味含量低于致味阈值时，人们也感受不到味；当含量过高，会使味觉钝化，人们也感觉不到呈味成分含量的变化；当呈味成分含量处于有效的调味区间时，人们对食品风味的味感强度与呈味成分含量成正比。要想研发高质量的调味品，生产出质量好的加工食品，离不开研发人员对化学性味道的性质及其相互联系的深刻理解。

(二)味的定量评价

自然界物种丰富，可食用物质不计其数，呈味物质也是数量繁多。人们在对食品的风味进行研究时，应在数量上对食品和呈味物质的味觉强度和味觉范围进行量度，以保证描述、对比和评价的客观和准确。通常使用的量度参数包括：阈值、等价浓度、辨别阈，使用最多的是阈值。

阈值是指可以感觉到特定味的最小浓度。“阈”是刺激的临界值或划分点，阈值是心理学和生理学上的术语，指获得感觉的不同而必须达到的最小刺激值。如食盐水是咸的，但将其稀释至极就与清水没有区别了，一般感觉到食盐水咸味的浓度应达到0.2％以上。

不同的测试条件和不同的人，最小刺激值是有差别的。一般来说，应有许多人参加评味，半数以上的人感觉到的最小浓度(最低呈味浓度)，即刺激反应的出现率达到50％的数值，称为该呈味物质的阈值。

一般来说，砂糖等甜味物质的阈值较大，而苦味的阈值较小，即苦味等阈值越小的物质越比甜味物质等阈值较大的物质易于被感知，或者说其味觉范围较大。阈值受温度的影响，不同的测定方法获得的阈值不同。由品评小组品尝一系列以极小差别递增浓度水溶液而确定的阈值称为绝对阈值或感觉阈值，这是一种从无到有的刺激感觉。若将一给定刺激量增加到显著刺激时所需的最小量，就是差别阈值。而当在某一浓度再增加也不能增加刺激强度时，则是最终阈值。可见，绝对阈值最小，而最终阈值最大，若没有特别说明，阈值都是指绝对阈值。

阈值的测定依靠人的味觉，这就不可能不产生差异。为避免人为因素的影响，人们正在研究开发有关仪器，其中有的是通过测定神经的电化学反应间接确定味的强度。

阈值中最常用的是辨别阈。辨别阈是指能感觉到某呈味物质浓度变化的最小变化值，即能区别出的刺激差异，也称为差阈或最小可知差异。人们都有这样的经验，当一种呈味物质为较高浓度时，能辨别的最小浓度变化量增大，即辨别阈也变得“较大”的现象；反之，辨别阈则感觉“较小”。不同的呈味物质浓度，其辨别阈也是不同的，一般浓度越高或刺激越强，辨别阈也就越大。

（三）嗅感对风味的影响

嗅觉是一种比味感更敏感、更复杂的感觉现象，是由物体发散于空气中的物质微粒作用于鼻腔上的感受细胞而引起的。在鼻腔上鼻道内有嗅上皮，嗅上皮中的嗅细胞，是嗅觉器官的外周感受器。嗅细胞的黏膜表面带有纤毛，可以和有气味的物质相接触。每种嗅细胞的内端延续成为神经纤维，嗅分析器皮层部分位于额叶区。嗅觉的刺激物必须是气体物质，只有挥发性有味物质的分子，才能成为嗅觉细胞的刺激物。

嗅觉不像其他感觉那么容易分类，在说明嗅觉时，还是用产生气味的东西来命名，如玫瑰花香、肉香、腐臭等，在几种不同的气味混合同时作用于嗅觉感受器时，可以产生不同情况，一种是产生新气味，一种是代替或掩蔽另一种气味，也可能产生气味中和，这时混合气味就完全不引起嗅觉。

由于嗅感物质在食品中的含量远低于呈味物质浓度，因此在比较和评价不同食品的同一种嗅感物质的嗅感强度时，也使用嗅感物质的浓度。一种食品的嗅感风味，并不完全是由嗅感物质的浓度高低和阈值大小决定的。因为有些组分虽然在食品中的浓度高，但如果其阈值也大时，它对总的嗅感作用的贡献就不会很大。

嗅感物质浓度与其阈值之比值是香气值，即

香气值＝嗅感物质浓度/阈值

若食品中某嗅感物质的香气值小于1.0，说明食品中该嗅感物质没有嗅感，或者说嗅不到食品中该嗅感物质的气味，香气值越大，说明其越有可能成为该体系的特征嗅感物质。

利用好香气正是调味师的追求之一。美好的食品香气会促进消化器官的运动和胃分泌，使人产生腹鸣或饥饿感；腐败臭气则会抑制肠胃活动，使人丧失食欲，甚至恶心呕吐。不同的气味可改变呼吸类型。香气会使人不自觉地长吸气；嗅到可疑气味时，为鉴别气味，人会采用短而强的呼吸；恶臭会使呼吸下意识地暂停，随后是一点点试探；辛辣气味会使人咳嗽。美好气味会使人身心愉快、神清气爽，可放松过度的紧张和疲劳；恶臭则使人焦躁、心烦，进而丧失活动欲望。气味的作用在人的精神松弛时会增强。

除了对气味的感知之外，嗅觉器官对味道也会有所感觉。嗅觉和味觉会整合和互相作用。嗅觉是外激素通信实现的前提。嗅觉是一种远感，即它是通过长距离感受化学刺激的感觉。相比之下，味觉是一种近感。当鼻黏膜因感冒而暂时失去嗅觉时，人体对食物味道的感知就比平时弱。而人们在满桌菜肴中挑选自己喜欢的菜时，菜肴散发出的气味，常是左右人们选择的基本要素之一。

(四)色泽对风味的影响

色泽对风味的影响不是直接作用于味觉器官和嗅觉器官，而是通过对心理、精神等心理作用间接地影响人们对调味品风味的品评。但色泽对风味的衬托作用非常重要，特别是错色将导致感官对风味品评的偏差。对调味品的着色、保色等调色都是保证其质量的重要手段。

各种感官感觉不仅取决于直接刺激该感官所引起的反应，还有感官感觉之间的相互关联，相互作用。对复合调味料的感觉是各种不同刺激物产生的不同强度的各种感觉的总和，对其评价要控制某些因素的影响，综合各种因素间的互相关联和作用。

(五)调味品呈味成分构成

这里讨论的味是化学的味。化学的味是某种物质刺激味蕾所引起的感觉,也就是滋味。它可分为相对单一味(旧称基本味,像咸、甜、酸、辣、苦等)和复合味两大类。

在调味品生产中,所用的原料既有呈现单一味的调料如咸味剂、甜味剂、鲜味剂等,又有呈现复合味的调料如酵母精、动植物水解蛋白、动植物提取物等。每种原料都有自己的调味特点和呈味阈值,只有知道了它们的特性,才能在复合调配中运用自如。

1.咸味

咸味是一种非常重要的基本味,它在烹饪调味中的作用是举足轻重的,大部分菜肴都要先有一些咸味,然后再调和其他的味。例如糖醋类的菜是酸甜的口味,但也要先放一些盐,如果不加盐,完全用糖加醋来调味,反而变成怪味;做甜点时,往往也要先加一点盐,既解腻又好吃。

咸味是良好味感的基础,也是调味品中的主体。咸味有许多种表现方式。一是单纯的咸味,也就是由食盐直接表达出的咸味,这种咸味如果强度过大,会强烈刺激人的感官。单纯的咸味不太容易与其他味道融合,如用得不好,有可能出现各味道间的失衡感觉。二是由酱油、酱类呈现的咸味,这种咸味由于是来自酿造物、食盐与氨基酸、有机酸等共存一体,咸味变得柔和了许多,这是由于氨基酸和有机酸等能够起到缓冲作用的缘故。所以,酱油和酱的咸味刺激小,容易同其他味道融合,使用比较方便。三是同动物蛋白质和脂肪共存一体的咸味,如含盐的猪骨汤或鸡骨架汤等。这种咸味由于食盐是同蛋白质、糖类、脂肪等在一起,特别是有脂肪的存在,能够进一步降低咸味的刺激性。此外,还有一些咸味的呈现形式,如甜咸味、有烤香或炒香的咸味、腌菜(经过乳酸发酵)的咸味等。

咸味是所有味感之本,是支撑味道表达及其强度的最重要的因素。所以,控制咸味的强度,让咸味同其他味道之间保持平衡是非常重要的。咸味既不能太强,也不能太弱,需要有一个总体的计算。经过许多试验证明,人的舌和口腔对咸味(食盐含量)的最适感度一般为1.0%～1.2%,在这个范围内人的舌和口腔感觉最舒服。

2.甜味

甜味在调味中的作用仅次于咸味,可增加菜肴的鲜味,并有特殊的调和滋味的作用。如缓和辣味的刺激感、增加咸味的鲜醇等。常用的甜味剂有蔗糖、葡萄糖、果糖、饴糖、低聚糖、甜蜜素、蛋白糖和低分子糖醇类。除此之外,还有部分氨基酸(如甘氨酸和丙氨酸)、肽、磺酸等也具有甜味。

呈甜味的物质很多,由于其组成和结构不同,产生的甜感有很大的不同,主要表现在甜味强度和甜感特色两个方面。甜味强度差异表现为:天然糖类一般是碳链越长甜味越弱,单糖、双糖类都有甜味,但乳糖的甜味较弱,多糖大多无甜味。蔗糖的甜味纯,且甜度的高低适当,刺激舌尖味蕾1s内产生甜味感觉,很快达到最高甜度,约30s后甜味消失,这种甜味的感觉是愉快的,因而其成了不同甜味剂比较的标准物。常用的几种糖基本上都符合这种要求,但也存在一些差别。有的甜味剂不仅在甜味上带有酸味、苦味等其他味感,而且从含在口中瞬间的留味到残存的后味都各不相同。合成甜味料的甜味不纯,夹杂有苦味,是不愉快的甜感。糖精的甜味与蔗糖相比,糖精浓度在0.005%以上即显示出苦味和有持续性的后味,浓度越高、苦味越重;甘草的甜感是慢速的、带苦味的强甜味,有不快的后味;葡萄糖是清凉而较弱的甜感,清凉的感觉是因为葡萄糖的溶解度较大的缘故,与蔗糖相比,葡萄糖的甜味感觉反应较慢,达到最高甜度的速度也稍慢;某些低分子糖醇,如木糖醇和甘露醇的甜感与葡萄糖极为相似,具有清凉的口感且带香味。

甜味因酸味、苦味而减弱,因咸味而增加。甜味能够减轻和缓和由食盐带来的咸味强度,减轻盐对人(包括动物)的味蕾的刺激度,以达到平和味道的作用,这也就是几乎所有的配方中都要使用糖类原料的重要原因。还原性糖类与调味品中含氮类小分子化合物反应,还能起到着色和增香作用。在经热反应加工的复合调味料生产中,可根据成品的颜色深浅要求,确定配方中还原糖的用量。

3. 酸味

人们在饮食当中经常会尝到酸味，酸味是由于舌黏膜受到氢离子的刺激而产生的，凡在溶液中能解离出氢离子的化合物都具有酸味。酸味是食品调味中最重要的调味成分之一，也是用途较广的基本味。

酸味在蛋黄酱、生蔬菜调味汁等当中具有十分重要的作用。但要注意的是，不同的有机酸所呈现的酸味是不一样的。各种酸都有自己的味质：醋酸具有刺激臭味，琥珀酸带有鲜辣味，柠檬酸带有温和的酸味，乳酸有湿的温和的酸味，酒石酸带有涩的酸味，食醋的醋酸与脂肪酸乙酯一同构成带有芳香气味的酸味。使用酸味剂不仅可获得酸味，还可以用酸味剂收敛食物的味。收敛味道不是要得到酸味，而是要将本来宽度大和绵长的味变成一种较为紧缩的味型，这种紧缩不是要降低味的表现力，而是要强化味的表现力。酸具有较强的去腥解腻作用，在烹制禽、畜的内脏和各种水产品时尤为重要，是很多菜肴不可缺少的味道，并且具有抑制细菌生长和防腐作用。常用的酸味剂是各种有机酸，如醋酸、柠檬酸、乳酸、酒石酸、琥珀酸、苹果酸等。呈酸味的调味品主要有红醋、白醋、黑醋，还有酸梅、番茄酱、鲜柠檬汁、山楂酱等。

在调制复合调味料时会使用两种以上的有机酸原料，这并非为了加强酸味的强度，而是为了提高和丰富酸味的表现力。酸味很容易受其他味道的影响，比如容易受到糖的影响。酸和糖之间容易发生相互抵消的效应，在稀酸溶液中加3%的砂糖后，pH值虽然不变，但酸味强度会下降15%。此外，在酸中加少量的食盐会使酸味减少，反之在食盐里加少量的酸则会加强咸味。如果在酸里加少量的苦味物质或者单宁等，可以增强酸味，有的饮料就是利用这个原理提高了酸味的表现力。

酸味剂的使用量应有所控制，超过限度的酸味不容易被人们接受。食醋是酸味剂的代表性物质，食醋不仅可以产生酸味、降低pH值，还能带给人们爽口感，收敛味道。

4. 苦味

苦味是一种特殊的味道，人们几乎都认为苦味是不好的味，是应该避免的，其实苦味在某些食品和饮料当中起到了相当重要的作用。茶、咖啡、啤酒和巧克力等都含有某种苦味，这些苦味实际上有助于提高人们对该食品和饮料的嗜好性，起到了好的作用。苦味，可消除异味，在菜肴中略微调入一些带有苦味的调味品，可形成清香爽口的特殊风味。苦味主要来自各种药材和香料，如苦杏仁、柚皮、陈皮等。

苦味物质的阈值都非常低。只要在酸味、甜味等味道中加进极少的苦味就能增加味的复杂性，提高味的嗜好性。

苦味在感官上一般具有以下一些特征。

(1)越是低温越容易感觉到苦味。

(2)微弱的苦味能增强甜味感。如在15%的砂糖溶液中添加0.001%的金霉素，该砂糖溶液比不添加金霉素的砂糖溶液的甜味感明显增强。但苦味过强则会损害其他味感。

(3)甜味对苦味具有抑制作用，比如在咖啡中加糖就是如此。

(4)微弱的苦味能提高酸味感，特别是在饮料当中，微苦可以增加酸味饮料的嗜好性。

5.辣味

辣味具有强烈的刺激性和独特的芳香，除可除腥解腻外，还具有增进食欲，帮助消化的作用。呈辣味的调味品有辣椒糊(酱)、辣椒粉、胡椒粉、姜、芥末等，香辛料是提供复合调味料香味和辛辣味的主要成分之一。

辣味是饮食和调味品中的一种重要的味感，不属于味觉，只是舌、口腔和鼻腔黏膜受到刺激所感到的痛觉，对皮肤也有灼烧感。可见辣味是一些特殊成分引起的一种尖利的刺痛感和特殊灼烧感的共同感受。不同成分产生的辣味刺激是不同的，如切大葱或洋葱时眼睛受强烈的刺激而泪流不止，调配芥末时气味刺鼻，舔辣椒粉时有刺辣的痛感和嚼大蒜的辣感等。胡椒中的胡椒脂碱，辣椒中的辣椒素，芥末中的异硫氰酸烯丙酯等都是典型的辣味成分。

辣味调料是烹调的重要调料。因为辣味成分浓度的不同，辣感也有不同，人们将辣味分为从火辣感到尖刺感几个阶段。因所含辣味成分不同而使各种感觉不同，辣味物质大致分成热辣（火辣）味物质、辛辣（芳香辣）味物质和刺激辣味物质三大类。

热辣味物质是在口中能引起灼烧感觉而无芳香的辣味。此类辣味物质常见的主要有辣椒、胡椒、花椒。

辛辣味物质包括姜、肉豆蔻和丁香。辛辣味物质的辣味伴有较强烈的挥发性芳香味物质。

刺激辣味物质最突出的特点是能刺激口腔、鼻腔和眼睛，具有味感、嗅感和催泪感。此类辣味物质主要有蒜、葱、韭菜类和芥末、萝卜类。

辣味成分种类繁多，由辣椒的火辣感到黑胡椒或白胡椒的尖刺感，辣味顺序逐级改变。辣味可用于各种特色辣椒酱、辣味调味料的配制。辣味与其他呈味物的复合，才是辣味调味的关键所在。油辣子是辣椒最普通的产品，但以此为基础的发展变化是无穷尽的。油脂特有的香味和浓厚的味感，是辣味最好的载体。以其他香辛料为原料进行的香化处理，可以赋予辣味丰富的香感。各种香辣粉的辣味成分比较复杂，一般来讲，香辣粉中多含辛辣型和穿鼻辣型的物质，其中所含的辛辣成分同时也是芳香型成分。

6.鲜味

鲜味虽然不同于酸、甜、咸、苦四种基本味，但对于中国烹饪的调味来说，它是能体现菜肴鲜美的一种十分重要的味，应该看成一种独立的味。这在菜肴的调味中尤其显得突出和重要。鲜味可使菜肴鲜美可口，其来源主要是原料本身所含有的氨基酸等物质。呈鲜味的调味品主要有味精、鸡粉，还有高汤等。

对于鲜味的味觉受体目前还未有彻底的了解，有人认为是膜表面的多价金属离子在起作用。鲜味的受体不同于酸、甜、咸、苦四种基本味的受体，味感也与上述四种基本味不同。鲜味不会影响这四种味对味觉受体的刺激，反而能增强上述四种味的特性，有助于菜肴风味的可口性。鲜味的这种特性和味感是无法由上述四种基本味的调味剂混合调出的。人们在品尝鲜味物质时，发现各种鲜味物质在体现各自的鲜味作用时，是作用在味觉受体的不同部位上的。例如，质量分数为0.03%的谷氨酸钠和0.025%的肌苷酸二钠，虽然具有几乎相同的鲜味和鲜味感受值，但体现在舌头的不同味觉受体部位上。

能够呈现鲜味的物质很多，大体可以分为三类：氨基酸类、核苷酸类和有机酸类。目前市场上作为商品鲜味调料出现的主要是谷氨酸类和核苷酸类。鲜味分子需要一条相当于3～9个碳原子长的脂链，而且两端都带有负电荷，当$n=4\sim6$时，鲜味最强。脂链不只限于直链，也可为脂环的一部分。其中的C可被O、N、S等取代。保持分子两端的负电荷对鲜味至关重要，若将羧基经过酯化、酰胺化或加热脱水形成内酯、内酰胺后，均可降低鲜味。但其中一端的负电荷也可用一个负偶极来替代。如口蘑氨酸，其鲜味比味精强5～30倍。这个通式能将具有鲜味的多肽和核苷酸都包括进去。

鲜味能引发食品原有的自然风味，是多种食品的基本呈味成分。选择适宜的鲜味剂可以突出食品的特征风味，如增强肉制食品的肉味感，海产品的海鲜味等。鲜味与其他呈味成分——咸味、酸味、甜味、苦味等的关系可归纳如下：使咸味缓和，并与之有协同作用，可以增强食品味道；可缓和酸味，减弱苦味；与甜味产生复杂的味感。谷氨酸钠的使用有益于风味的细腻、和谐。肌苷酸可以掩蔽鱼腥味和铁腥味。在复合调味料的调味过程中除了注意影响鲜味的有关因素外，还应注意到它与其他味感之间的对比、相互作用。多种酿造和天然调味品都可以作为复合调味料中鲜味的来源。具体说来有味精、动物提取物、蛋白质水解液、酵母精、增鲜剂、氨基酸类添加剂、大豆蛋白质加工品（主要是粉末）、琥珀酸钠、海带精等。

7. 香味

应用在调味中的香味是复杂多样的，其可使菜肴具有芳香气味，刺激食欲，还可去腥解腻。可以形成香味的调味品有酒、葱、蒜、香菜、桂皮、八角、花椒、五香粉、芝麻、芝麻酱、芝麻油、香糟，还有桂花、玫瑰、椰汁、白豆蔻、香精等。

利用热反应生产能够对所要形成的风味进行设计，控制一定条件最终得到所希望的香型。热反应产生的香气有烤香型、焦香型、硫香型、脂肪香型等。动物的肉、骨、酱油粉、酱粉等许多原料都能进行“烧烤”处理，形成众多有风味特色的调味原料。但生产这种原料一般比较定向，就是说针对某种特定需要而生产的产品。洋葱、大蒜等香辛蔬菜类很适合制成带烤香味的产品，可以是膏状、粉状或者是油脂状，比如，烤蒜味在面的骨汤中具有绝佳的效果，如果有了烤蒜味的膏、油脂等产品，就可使骨汤的味道实现大的变化。复合调味料中也使用以油脂为载体的香味原料，这种香味油是以美拉德反应或酶解等手段生产的，它可以代替许多合成香精用于汤料、炒菜调料、拌凉菜汁等，适用于多种调味。

8. 模糊味

模糊味是指在主体风味基础上形成的一种不同于主体风味的微妙味感，它似有似无，但又是确实存在着的某种滋味。有意识地运用好这一调味方法，可以极大地提高产品的档次，起到“四两拨千斤”的作用。当人们感觉到美味时，实际上是感觉到其中有些妙不可言的滋味在抚慰着自己的口腔，要想说清楚是不容易的，不是只用“鲜”字就能概括的，这就是所谓的“模糊”美味。许多好的厨师经常在有意无意地运用这个概念，要想让加工食品的味道提高档次，就应使用具有这类功能的调味原料，其中包括各种天然有特色的调味配料。

（六）调味原理

调味是将各种呈味物质在一定条件下进行组合，产生新味。调味是一个非常复杂的过程，是动态的，随着时间的延长，味还有变化。尽管如此，调味还是有规律可循的，只要了解了味的相加、相减、相乘、相除，并在调料中知道了它们的关系及原料的性能，运用调味公式就会调出成千上万的味汁，最终再通过实验确定配方。

1. 味的增效作用

味的增效作用也可称为味的突出，即民间所说的提味，是将两种以上不同味道的呈味物质，按悬殊比例混合使用，从而突出量大的呈味物质味道的调味方法，也称之为味的对比作用。也就是说，由于使用了某种辅料，尽管用量极少，但能让味道变强或提高味道的表现力。甜味与咸味、鲜味与咸味等，均有很强的对比作用。如少量的盐加入鸡汤内，只要比例适当，鸡汤立即变得特别鲜美。所以，要想调好味，就必须先将百味之主抓住，一切自然会迎刃而解。调味中咸味的恰当运用是一个关键。当食糖与食盐的比例大于 10∶1 时，可提高糖的甜味，反过来时，会发现不光是咸味，似乎还出现了第三种味。这个实验告诉我们，此方式虽然是靠悬殊的比例将主味突出，但这个悬殊的比例是有限的，究竟什么比例最合适，这要在实践中体会。调味公式为：

主味（母味）+子味 A+子味 B+子味 C=主味（母味）的完美

2. 味的增幅效应

味的增幅效应也称两味的相乘，是将两种以上同一类味道物质混合使用，导致这种味道进一步增强的调味方式。如姜有一种土腥气，同时又有类似柑橘那样的芳香，再加上它清爽的刺激味，常被用于提高清凉饮料的清凉感；桂皮与砂糖一同使用，能提高砂糖的甜度。在烹调中，要提高菜的主味时，要用多种原料的味来扩大积数。如想让咸味更加完美时，可以在盐以外加入与盐相吻合的调味料，如味精、鸡精、高汤等，这时主味会扩大到成倍的咸鲜。所以适度的比例进行相乘方式的补味，可以提高调味效果。调味公式为：

主味（母味）×子味 A×子味 B=主味积的扩大

味的相乘作用应用于复合调味料中，可以减少调味基料的使用量，降低生产成本，并取得良好的调味效果。

3. 味的抑制效应

味的抑制效应，又称味的掩盖、味的相抵作用，是将两种以上味道明显不同的主味物质混合使用，使各种物质的味均减弱的调味方式。有时当加入一种呈味成分，能减轻原来呈味成分的味觉，即某种原料的存在会明显地减弱其呈味强度。如苦味与甜味、酸味与甜味、咸味与鲜味、咸味与酸味等，具有明显的相抵作用，具有相抵作用的呈味成分可作为遮蔽剂，掩盖原有的味道。在1%～2%的食盐溶液中，添加7～10倍的蔗糖，咸味大致会被抵消。在较咸的汤里放少许黑胡椒，就能使汤味道变得圆润，这属于胡椒的抑制效果。如辣椒很辣，在辣椒里加上适量的糖、盐、味精等调味品，不仅缓解了辣味，味道也更丰富了。调味公式为：

主味+子味A+主子味A=主味完善

4. 味的转化

味的转化，又称味的转变，是将多种不同的呈味物质混合使用，使各种呈味物质的本味均发生转变的调味方式。如四川的怪味，就是将甜味、咸味、香味、酸味、辣味、鲜味等调味品，按相同比例融合，以至什么味也不像，称之为怪味。调味公式为：

子味A+子味B+子味C+子味D=无主味

两种味的混合有时会产生出第三种味，如豆腥味与焦苦味结合，能够产生肉鲜味。有时一种味的加入，会使另一种味失真，如菠萝或草莓味能使红茶变得苦涩。食品的一些物理或化学状态会使人们的味感发生变化。如食品黏稠度、醇厚度能增强味感，细腻的食品可以美化口感，pH值小于3的食品鲜度会下降。这种反应有的是感受现象，原味的成分并未改变。例如，黏度高的食品，使食品在口腔内黏着时间延长，以至舌上的味蕾对滋味的感觉时间持续加长，这样在对前一口食品呈味的感受尚未消失前，后一口食品又触到味蕾，从而使人处于连续状态的美味感中。醇厚是食品中的鲜味成分多，并含有肽类化合物及芳香类物质所形成的，从而可以留下良好的厚味。

5. 复合味的配兑

单一味可数，复合味无穷。由两种或两种以上不同味觉的呈味物质通过一定的调和方法混合后所呈现出的味，称为复合味，如酸甜、麻辣等。常见的复合味有：呈酸甜味的调味品有番茄沙司、番茄汁、山楂酱、糖醋汁等；呈甜咸味的调味品有甜面酱等；呈鲜咸味的调味品有鲜酱油、虾子酱油、虾油露、鱼露、虾酱、豆豉等；呈辣咸味的调味品有辣油，豆瓣辣酱（四川特产）、辣酱油等；呈香辣味的调味品有咖喱粉、咖喱油、芥末糊等；呈香咸味的调味品有椒盐和糟油、糟卤等。

不同的单一味相互混合在一起，这些味与味之间就可以相互产生影响，使其中每一种味的强度都会在一定程度上发生相应的改变。总之，调味品的复合味较多，在复合味的应用中，要认真研究每一种调味品的特性，按照复合的要求，使之有机结合、科学配伍、准确调味，要防止滥用调味料，导致调料的互相抵消、互相掩盖、互相压抑，造成味觉上的混乱。所以，在复合调味料的应用中，必须认真掌握，组合得当，勤于实践，灵活应用，以达到更好的整体效果。

三、调味品发展现状

(一)由单一化向多样化发展

在调味品的开发方面，一方面人们越来越注重产品的安全性、健康性及功能性；另一方面，多样化的发展才能更好地满足市场需求。目前市场已经开发了烧烤、凉拌、炖鱼、煲汤、蒸菜、火锅等多种形式的复合调味料。在口味方面，不再局限于中式口味，各种西式风味复合调味品等不断进入调味品市场。

(二)产品需求转变

在调味品的使用方面，除满足调味作用外，人们对其营养保健作用、功能性、安全性越来越重视。

在调味品原料的使用方面，以动植物或酵母等天然物为原料生产的调味品所占市场份额越来越大。中国是农业大国，动植物资源相对丰富，充分利用资源优势，建立好原料生产基地，做好产品质量控制，通过分离、提取、发酵、勾兑、配置等方法对原料进行处理加工，开发营养安全的功能性调味品具有良好的市场前景。

传统调味品如酱油、酱类、酱腌菜等产品中往往含有较高的盐分，而高钠膳食易导致高血压、肾病等。降低调味品中的含盐量成为调味品行业的趋势之一。如某调味品企业在酱油酿造生产中将盐水浓度降低生产薄盐酱油，与高盐稀态酿造酱油(盐分 16%～18.5%)相比，盐分降低

25%。此外，很多研究人员对腐乳、酱腌菜等品类进行了低盐发酵生产的开发。

(三)技术水平提高

在采用发酵法生产的调味品中，纯种发酵、益生菌发酵类产品的比重增加，纯种酵母菌、醋酸菌、乳酸菌等广泛应用于食醋、酱油、酱腌菜等产品的发酵生产中，各种酶制剂如淀粉酶、糖化酶、蛋白酶的应用比例增加，以用于提升产品，改善品质。

从调味品的生产制作生产及工厂设施看，很多调味品的制作方法还处于最传统的方式，不利于行业的发展和科技水平的提高。只有利用现代技术，完善调味品制作生产，提高产品质量，才能促进调味品行业的长远发展。除传统技术外，超临界萃取技术、现代生物技术、超高温瞬时灭菌技术、蒸馏技术等逐步应用于调味品生产加工。气调包装技术、喷雾干燥技术、自动化控制技术、膜分离技术等在复合调味品的生产加工中得到了广泛应用，各种高新技术的应用为新产品的开发提供了可能，使我国的调味品在激烈的国际竞争中占据了有利地位。

第二节 调味品的标准化生产

一、酱油

酱油俗称豉油，主要由大豆、小麦、食盐经过制油、发酵等程序酿制而成的。酱油中含有多种氨基酸、糖类、有机酸、色素及香料等成分，以咸味为主，也有鲜味、香味等，它能增加和改善菜肴的味道，还能增添或改变菜肴的色泽。

目前酿造酱油原料开始转向农副产品和食品加工业中的副产品，有人利用大米生产果葡糖浆的大米蛋白、味精厂的菌体蛋白、米渣等副产品作为主要原料，利用先进的复合酶进行酶解，再用稀醪发酵生产酿造酱油，这样不仅可以充分利用废弃农副产品以降低成本，还可以节省粮食。

随着人们对于绿色和有机食品的需求量越来越大，有机酱油成为了热点，酱油生产中原料无农药残留，不添加化学添加剂，成品不含任何有害物质。

酱油可以根据加温条件、盐水浓度、成曲拌水量、成曲的菌种种类等分为不同类型。

按加温条件可以分为天然晒露法、保温速酿法。

按盐水浓度可以分为高盐发酵法、低盐发酵法、无盐发酵法。

按成曲拌水量可以分为稀醪发酵法，发酵醪呈浓稠的半流动状态，称之为“酱醪”；固态发酵法，固态发酵的“醅”呈非流动状态，称为“酱醅”。

按成曲的菌种种类分为单菌种制曲发酵法、多菌种制曲发酵法。

(一)主要原辅料及预处理

酱油原料选择的基本原则通常应从以下方面考虑，主要原料蛋白质含量高，碳水化合物含量适当；便于制曲和发酵；无毒、无霉、无异味，符合卫生指标的要求；资源丰富，价格低廉；容易收集，便于运输和贮藏。

1. 原辅料

酱油酿造的原料分为基本原料和辅料两大类。基本原料分为蛋白质原料、淀粉质原料、填充料、食盐和水等；辅料主要有增色剂、助鲜剂、防腐剂等。

(1)蛋白质原料

酱油酿造过程中，微生物产生的蛋白酶将原料中的蛋白质水解成多肽、氨基酸，成为酱油营养成分以及鲜味的来源。部分氨基酸发生美拉德反应，与酱油香气的形成、色素的生成直接关系。蛋白质原料对酱油色、香、味、体的形成至关重要，是酱油生产的主要原料。酱油生产的原料历来以大豆为主，但大豆中含有20%左右的脂肪，大豆脂肪对酱油生产作用不大，为了合理利用粮油资源，目前大部分发酵厂以脱脂大豆为主要原料。

①大豆。大豆为黄豆、青豆和黑豆的统称，我国各地均有种植，以东北大豆产量最高、质量最优。在大豆氮素成分中，95%是蛋白质氮，其中50%是水溶性蛋白，易被人体吸收也易被微生物酶解。大豆蛋白质的氨

基酸组成种类全面，其中谷氨酸含量较高，给酱油提供浓郁的鲜味。直接用大豆酿造酱油，适当的脂肪可赋予酱油独特的脂香，但是多余的脂肪不能被充分合理地利用，残留在酱渣内或被脂肪酶分解，会造成浪费或给制品带来异味。所以除一些高档酱油仍用大豆作原料外，普遍采用豆粕或豆饼酿造酱油。

②豆粕。豆粕是大豆经过适当的热处理，再经轧坯机压扁，加入有机溶剂浸提出脂肪后的渣粕，一般呈颗粒、片状或小块状。豆粕中蛋白质含量达 47%～51%，脂肪、水分含量较少，质地疏松、易于破碎，是酿造酱油的理想原料。但是豆粕内往往残留着微量有机溶剂，使用豆粕时应进行脱溶剂处理，防止有机溶剂残留影响酱油产品的食用安全性和产品风味。

③豆饼。豆饼是大豆经压榨法提取油脂后的产物。根据压榨前处理方式的不同分为冷榨豆饼和热榨豆饼。将大豆软化压扁后直接榨油制得的豆饼称为冷榨豆饼。将大豆压片、加热蒸炒后再压榨制成的豆饼为热榨豆饼。冷榨豆饼未经高温处理，出油率低，蛋白质基本没变性，适合做豆制品。热榨豆饼经热处理后蛋白质变性严重，水分含量低，蛋白质含量相对较高，质地疏松，易于破碎，适合酱油酿造。

④其他蛋白质原料。酿造酱油除大豆和豆饼之外，理论上凡是蛋白质含量高、无毒、无害、无不良气味且易被微生物酶系分解的原料都可以作为酿造酱油的原料。如蚕豆、豌豆、绿豆、花生饼、棉籽饼、菜籽饼等，但由于蛋白质含量低且风味欠佳，实际使用较少。

(2)淀粉质原料

淀粉在酱油酿造过程中分解为糊精、葡萄糖，为微生物生长提供碳源，除此以外，微生物发酵葡萄糖形成酱油香气的前体物质，酯类、甜味物质以及色素等增加酱油色泽和风味，残余的葡萄糖和糊精可增加甜味和黏稠感。因此，淀粉质原料也是酱油酿造的重要原料。

常用的淀粉质原料有小麦、麸皮、米糠、玉米、甘薯、小米等。

①小麦。小麦是传统方法酿造酱油使用的主要淀粉质原料。生产酱油用的小麦要经过焙炒、粉碎后与大豆或豆粕混合接种制曲。小麦中约

含70%的淀粉、13%的蛋白质,用小麦的目的主要是利用其碳水化合物。

②麸皮。麸皮又称麦麸或麦皮,是小麦制面粉后的副产品。麸皮中约含淀粉11%、蛋白质17%、粗脂肪4%、多种维生素及钙、铁等无机盐。麸皮质地疏松、体轻、表面积大且营养充足,能促进米曲霉生长产酶,有利于制曲和淋油。麸皮中戊聚糖的含量高达20%~24%,与蛋白质水解物氨基酸发生美拉德反应生成酱油色素。麸皮中含有的α-淀粉酶和β-淀粉酶有利于原料中淀粉的水解。但是由于麸皮中的戊聚糖不能被酵母利用,所含淀粉又不能满足酵母菌酒精发酵对碳源的需求,因此,单纯用麸皮作为淀粉质原料生产的酱油香味不足、甜味较差。所以生产中仍需添加适当高淀粉原料,使酿造的酱油香味浓郁。

③其他。含有淀粉较多而又无毒、无异味的物质都可以作为酿造酱油的淀粉质原料,如米糠、玉米、甘薯、小米、高粱等。

(3)食盐

食盐是酿造酱油的重要原料之一,它可以赋予酱油适当的咸味,与氨基酸结合生成氨基酸钠盐为酱油提供鲜味,在发酵过程中起到杀菌防腐的作用,另外,盐水可增加大豆蛋白的溶解度,提高原料的利用率。酱油含盐量一般为18%左右,盐水的质量直接影响酱醅的质量。酿造酱油应选用含水量低、卤汁和杂质少、含氯化钠高的纯净食盐,要求盐水清澈无杂质,无异味,pH值为7.0。

(4)水

酱油成分中水约占83%。酱油酿造用水量大,对水质的要求一般并不严格。只要没有化学污染、经净化处理各项指标及卫生指标均符合国家饮用水标准均可采用。

(5)增色剂

①焦糖色。焦糖色的主要成分是氨基糖、黑色素和焦糖。根据相关规定,焦糖色可在酱油、醋等食品中按生产需要适量食用,但不宜在专供儿童食用的酱油中添加焦糖色。

②红曲米。其又称红曲,是将红曲霉接种在大米上培养发酵而成的

红色素，以福建古田产的最为著名。红曲具有活血化瘀、健脾消食、降血压、降血脂、降血糖、抗菌等功效。在酱油生产中添加红曲米，与米曲霉混合发酵，酱油色度可提高 30%，氨基酸态氮含量提高 8%，还原糖含量提高 26%。

③酱色。酱色是以淀粉水解物为原料，采用氨法或非氨法生产的色素，可以用来为酱油产品增色。

④红枣糖色。其是利用大枣所含糖分、酶和含氮物质，进行酶促褐变和美拉德反应而生成色素。红枣糖色着色率高，香气正，无毒无害并含有还原糖、氨基酸态氮等营养成分，是一种安全的天然食用色素，可用于酱油增色。

(6)助鲜剂

①谷氨酸钠。它俗称味精，是酱油中主要的鲜味成分。

②呈味核苷酸盐。呈味核苷酸盐有肌苷酸盐、鸟苷酸盐等，二者均能溶于水，用量在 0.01%～0.03%时就有明显的增鲜效果，为了防止米曲霉分泌的磷酸单酯酶分解核苷酸，通常在酱油灭菌后加入。

③天然提取物。食用菌味道鲜美与其含有大量游离氨基酸及核苷酸有关，可以将其作为风味剂用于酱油的增鲜。香菇、平菇、金针菇、凤尾菇等食用菌的氨基酸含量较高(平均为 15.7%)，因此最为常用。

(7)防腐剂

防腐剂主要用于防止酱油在储存、运输、销售和使用过程中腐败变质。酱油酿造过程中最常用的防腐剂有苯甲酸或苯甲酸钠、山梨酸和山梨酸钾等。

①苯甲酸。它又名安息香酸，我国规定酱油中添加量应不超过 0.1%，添加到酱油中之前一般加碱中和成苯甲酸溶液。

②苯甲酸钠。它又名安息香酸钠，在酸性或者微酸性溶液中，具有较强的防腐能力。苯甲酸钠防腐机制是非选择性地抑制微生物细胞呼吸酶的活性，对乙酰辅酶 A 缩合反应具有很强的阻碍作用。

③山梨酸。山梨酸属于不饱和脂肪酸，能在机体内参加物质代谢，生

成二氧化碳和水，基本无毒副作用。山梨酸分子的双键能抑制霉菌的脱氢，从而降低其新陈代谢，有效地阻止微生物生长，还能与微生物酶系统中的巯基结合，破坏许多重要酶系的作用，从而达到抑菌防腐的目的，广泛应用于食品、饮料等防腐防霉。

④山梨酸钾。山梨酸钾是山梨酸的钾盐，易溶于水和乙醇。山梨酸钾可以抑制微生物体内的脱氢酶系统，抑制微生物的生长从而起到防腐的作用，对细菌、霉菌、酵母菌均有抑制作用。

2. 预处理

原料预处理包括两个方面：一是通过机械作用将原料粉碎成小颗粒或粉末状；二是经过充分润水和蒸煮，使蛋白质达到适度的变性，结构松弛并使淀粉充分糊化，以利于米曲霉的生长繁殖和酶系的分解。

(1)豆饼和麸皮原料的处理

①粉碎。适当力度的粉碎可以增加颗粒表面积，加大米曲霉生长繁殖面积，提高原料利用率。颗粒过大，不容易吸收水分和菌丝的深入繁殖；颗粒过小，原料润水容易结块，影响制曲时空气通透性，不利于米曲霉生长，发酵时酱醅发黏，不利于浸出和淋油。因此，原料的粉碎应在不妨碍制曲、发酵、浸出、淋油的前提下，尽量使其粒度减小。豆饼粉碎机一般采用锤式粉碎机，粒径在5mm以上，粉末状的原料不超过10%。

②润水。润水是指给予原料适当的水分并使原料均匀而完全吸收水分的生产。原料吸收水分后膨胀、松软，蒸煮时有利于蛋白质适度变性，淀粉充分糊化，为曲霉生长提供必要的水分。润水的方式主要有人工翻拌润水、螺旋输送润水、旋转式蒸煮锅直接润水。水分的添加量需要根据原料的性质及配比、制曲的条件、制曲的季节而定。

③蒸煮。蒸煮是原料处理中的重要工序，蒸煮是否适当，对酱油质量和原料利用率影响显著。蒸煮可以使原料中的蛋白质完成适度变性，更利于酶系发挥作用；使淀粉充分吸水膨胀糊化，并产生少量糖类，易于糖化；蒸煮能起到一定的杀菌作用，消灭原料上的微生物，减少制曲时的污染。原料的蒸煮要求均匀并且适度。如果原料蒸煮不透或者不均匀而存

在未变性蛋白质，会导致酱油的浑浊，如果蒸煮过度而使蛋白质过度变性发生褐变会造成蛋白质不被酶解，降低原料利用率。蛋白质是否适度变性与原料加水量、蒸煮时间、蒸煮温度有关，因此可以适当调节蒸煮条件来控制蛋白质变性程度。

(2)小麦等淀粉质原料的处理

淀粉质原料的添加处理方式主要有两种，一种是将原料粉碎后与蛋白质原料混合蒸煮；另外一种是先将原料焙炒、粉碎后与蒸煮过的蛋白质原料混合成曲料。焙炒过程使原料颗粒中水分蒸发，植物组织膨胀，淀粉酶作用更加彻底，同时杀灭附着在原料表面的微生物，增加了色泽和香气。焙炒设备一般是圆筒回转式焙炒机或圆筒混砂式焙炒机。焙炒后的原料应呈金黄色，焦粒不超过5%～20%，每汤匙熟麦投水下沉的生粒不超过4～5粒，大麦爆花率、小麦咧嘴率均为90%以上。

(二)酱油的标准化生产

1. 酱油生产设备

酱油生产设备包括原辅料加工设备(筛选、破碎、蒸煮设备等)；种曲制曲设备；发酵酿造设施；淋油或压榨设备；调配贮存设备；灭菌设备；灌装、包装设备；自动或半自动的瓶装灌装设备。酱油产品在灭菌后应在密封状态下灌装。

2. 操作要点

(1)原料处理

原料一般经过粉碎、润水、蒸煮三步处理。原料粉碎必须达到一定的粉碎度，豆饼粉碎颗粒大小以2～3mm为宜，粉末量不得超过20%，为润水、蒸煮创造条件。麸皮之所以适合制曲，除含有适合米曲霉生长所需的淀粉质与蛋白质等营养成分以及与酿造酱油相关的香气及色泽外，还因为麸皮质量轻、质地疏松，米曲霉接触繁殖面积大、酶活性增强。豆粕因其颗粒被损坏，如用大量水浸泡会导致营养成分的流失，因此必须加有润水的工序，加入所需要的水量并使其均匀完全地被豆饼吸收。另外，为使豆饼及辅料中的蛋白质完成适度变性以及消除生大豆中阻碍酶作用的物质，使原料成为酶容易作用的状态，需对原料进行蒸煮。

(2)制种曲

①试管菌种培养。将培养基空培养观察 2d，如若无杂菌即可使用。从菌种试管中挑取米曲霉孢子接种于斜面或者麸皮中，于 28℃下培养 3d，当斜面或麸皮培养基长满黄绿色孢子，无杂色孢子，保存备用。麸皮管在菌丝未完全长白时，摇散麸皮一次。

②三角瓶菌种培养。将试管菌种接入三角瓶或空罐头瓶中，摇匀后于 25～28℃下培养 24h，摇瓶一次，将菌料摇散，放于室温下，以免堆积自然烧热，培养 2～3d，麸皮料上长满黄色孢子即可。

③种曲的生产。将配料进行蒸煮，待蒸料冷却到 38℃时，将瓶子菌种拌入配料中，堆置 4h 后分装竹筛，料层厚度以 2cm 左右为宜，将筛叠起来放入已消毒的种曲室中，用双层湿纱布覆盖保温培养，室温不低于 20℃为宜，培养 16h 至曲料出现白色菌丝，品温升至 33℃时进行翻曲，注意物料的保湿。培养 24h，料面布满白色菌丝，将筛上下对调，控制好温度和湿度，继续培养数小时，曲料变成淡黄绿色，品温下降至 30℃左右，培养 50～60h，产生大量孢子，曲料呈黄绿色、半干状态，外观呈块状，内部松散，用手触动，孢子飞扬，具有米曲霉固有的香气，无异味，即为成熟的种曲。应无根霉(灰黑色绒毛)、青霉(蓝绿色斑点)。

(3)制曲

制曲是酱油酿造过程中的重要工序，制曲过程实质是给米曲霉生长创造良好条件，保证优良的米曲霉等有益微生物充分生长繁殖，减少有害微生物的繁殖，促进微生物分泌酱油发酵所需要的酶系。

目前我国大多数厂家酿造酱油采用的是厚层通风制曲即固定式敞口平面通风制曲，制曲设备主要是通风池。制曲原料要求蒸熟不能有夹生现象，以蛋白质适度变性和淀粉全部糊化为度，保湿通气。

制曲操作可归纳为“一熟、二大、三低、四均匀”四个要点。“一熟”要求原料熟透，原料蛋白质消化率在 80％～90％。“二大”是指大风、大水，曲料熟料含水量在 45％～50％(根据季节、原料特点而定)；曲料厚度一般小于 30cm，每立方米混合料通风量为 $70\sim80m^3/min$。“三低”是指装池料温低、制曲品温低、进风风温低。装池料温保持在 28～30℃；制曲品温控制在 30～35℃；进风温度一般为 30℃。“四均匀”是指原料混合均匀，接种均匀，装池疏松均匀，料层厚度均匀。

成曲的质量标准：外观菌丝丰满、密集、淡黄绿色、无杂色，内部具有均匀、茂盛的白色菌丝，无黑色或褐色夹心；具有优良的曲香，无酸味和氨味。

(4)发酵

将成曲拌入大量的盐水成为浓稠的半流动状态的混合物，俗称酱醪；将成曲拌入少量盐水成为不流动状态的混合物称为酱醅。将酱醪或酱醅装入发酵容器采用保温或者不保温方式，利用曲中的酶系和微生物的发酵作用将酱醪或酱醅中的物料降解转化，形成酱油特有的色、香、味、体成分，这一过程就是酱油生产中的发酵。发酵酱油生产主要分两种：一是传统的低盐固态发酵，二是高盐稀醪发酵(含固稀发酵)。目前国内采用的主要生产是低盐固态发酵法，其盐水浓度介于高盐和无盐之间。

①盐水调制：盐水溶解后其浓度以溶液百分比浓度即一定溶液中氯化钠的克数来计算。盐水浓度一般要求在 11%～18%，pH 值为 7。

②制酱醅：盐水加热到 50～55℃，将成曲打碎拌入盐水，成曲拌盐水量以酱醅含水量达到 52%～53%为宜，不低于 50%，如果原池浸出发酵不进行移池淋油，酱醅含水量可以增加至 57%，制好的酱醅放入发酵池。

③前期发酵：前期发酵的目的是使原料中蛋白质在蛋白水解酶的作用下水解为氨基酸，因此发酵前期的发酵温度应控制在蛋白水解酶作用的温度。蛋白酶最适温度为 40～45℃，不能超过 50℃。在此过程中酱油的香味物质基本形成，为使酱醅迅速水解，入池第二天可淋浇一次，以后再淋浇两次。

④倒池：又称移池。发酵过程中，定期倒池可使酱醅各部分温度、水分、盐以及酶的浓度趋向均匀，增加酱醅的含氧量，加速氧化。一般发酵过程可以 3～4d 倒池一次。

⑤后期发酵：15d 左右，保持温度为 30～35℃，便于进行酒精发酵以及后熟作用。前期发酵水解基本完成，可以补充食盐，使酱醅含盐量在 15%以上，食盐可以均匀地淋拌在酱醅中。生产实践中，许多厂家酱醅发酵过程为 20d，发酵温度在 50℃左右，前 10d 保持品温 44～50℃，后 10d 保持品温 50℃以上，后发酵大部分酶已经失活，温度提高有利于非酶促褐变，酱醅颜色很快变为黑褐色。同时由于温度偏高，一些物质的形态结构发生了改变，黏度降低有利于淋油，有利于提高出油率。

⑥酱醅质量要求：赤褐色、有光泽、不发乌、颜色一致；有浓郁的酱香、酯香气，无不良气味；酱醅内挤出的酱汁口味鲜、微甜、味厚、不酸、不苦、不涩；手感柔软、松散、不干、不黏、无硬心；水分 48%～52%，食盐含量 6%～7%，pH 值在 4.8 以上，原料水解率 50%以上，可溶性无盐固形物 25～27g/100mL；细菌总数不得超过 30 万个/克。

(5)淋油

浸出酿造酱油发酵完成后，采用的生产不同，浸淋的方法也有所不同，常见的浸淋方法有移池浸出法、原池浸出法、淋浇发酵浸出法。其中淋浇发酵浸出法最大限度地提取了有效成分。

发酵过程中不断地浇淋，直至 35d 酱醪成熟后淋油，通过浇淋使酱醅的水分和温度均匀一致，为培养乳酸菌和酵母菌创造良好的生态环境，延长了后发酵期，增加了酱油的香气成分。浸泡过程中食盐的浓度对浸泡滤油的速度有一定的影响，浓度高，滤油慢，可溶性物质不易浸出；浓度低，滤油快，成分易浸出。成品酱油的含盐量约为 18%，而一般酱醅浸出时含盐量较低，可将每批所需要的食盐置于管中，使流出的头油和二油流经盐管，使盐层逐渐溶解，补充食盐。

(6)加热与配制

生酱油一般还要进行加热与配制等后处理生产，以达到成品的要求。加热一般采用蒸汽加热法，使酱油的温度为 65～70℃，加热时间 30min，在这种条件下产膜酵母、大肠杆菌等有害菌都可以被杀灭，延长酱油贮藏期，还可以起到终止酶活性的作用，避免氨基酸等有效成分被转化而降低酱油质量。发酵后的生酱油经过加热后，其成分有所变化，使酱油的香气醇和而圆熟，风味得到改善，香气成分含量也会有所增加，这种香气称为"火香"。但是加热也会使一些香气成分受损。除此以外，加热还可以增加色泽，除去悬浮物，使酱油澄清度得到提高。

配制是指将每批生产中的头油和二淋油或质量不等的原油按照一定的质量标准进行调配，使成品达到感官特征、理化指标要求。

(7)注意事项

①原料蒸熟:蛋白质适度变性，淀粉适度糊化。

②水分挥发大，熟料水分48%～51%。

③适量充足的风量和风压，米曲霉为好氧菌。风量小会使链球菌繁殖；通风不良会使厌气性梭菌繁殖；低于25℃，通风小球菌繁殖。

④品温低于30℃，增加酶活性，抑制杂菌生长。

⑤通过空调箱调节风温和相对湿度。

⑥接种均匀。

⑦装池疏松均匀，防止烧曲。

⑧翻曲要及时。

⑨保持曲室清洁。

二、食醋

醋是以米、麦、高粱等粮食或苹果、石榴、枣等水果为原料酿造的含有醋酸的液体调味品或饮料，古代称为"醯"、"酢"或"苦酒"。

酿醋与酿酒一样历史悠久，早在3000年前，我们的祖先就已经掌握了谷物制醋的技术，我国是世界上最早用谷物制醋的国家。《周礼》中便有"醯人""醯物"的记载，《论语·公冶长》中也有"乞醯"的记载，春秋战国时已存在专门酿醋的作坊，西汉《急就篇》中写道"芜荑盐豉醯酢酱"，说明古代"醯"和"酢"并不完全一样，北魏贾思勰所著《齐民要术》中明确指出

"酢,今醋也","酢"就是我们今日的醋,这一用法目前在日语中仍有保留。

自古以来,食醋不仅具有调味作用,还有很高的药用价值,虽然现如今醋的药用价值不常被人提及,但在古代,食醋的药用价值十分受人们的重视。

明代李时珍所著《本草纲目》中记载,醋"性味酸、苦、温,入肝胃经",可"消臃肿、散水气、杀邪毒",即醋具有活血散瘀、消食化积、消肿软坚、解毒疗疮的功效。醋中的有机酸能够显著降低蔗糖酶、麦芽糖酶等双糖酶的活性,使食物的血糖指数降低,从而抑制血糖上升,另外,醋还可以提高胰岛素的敏感性,对糖尿病的预防具有一定的作用;此外,水果醋中的矿物质钾,有利于排出体内过剩的钠,从而降低血压;醋还可以抑制低密度脂蛋白的氧化,从而降低血液中胆固醇的水平;醋还能够刺激神经中枢,促进消化液、胃液的分泌,具有增加食欲、帮助消化的功效,还能提高对食物中钙、铁、磷、维生素等的吸收利用率。

由于不同的地理位置、不同的气候条件,各地盛产的粮食、水果等农产品也各不相同,再加上不同的酿造生产工艺,形成了各色各样独具地方特色的食醋产品。如山西老陈醋、江苏镇江香醋、四川保宁醋、福建永春老醋、浙江玫瑰醋、上海米醋、北京熏醋等,此外,各种水果醋、蒜汁醋、蜂蜜醋等保健醋也深受人们喜爱。下面主要介绍山西老陈醋和江苏镇江香醋的标准化生产。

(一)山西老陈醋

山西地处黄土高原,夏日雨水少而日照多,冬日多西北风,气候寒冷,经过独特的"夏伏晒,冬捞冰"的自然醇化过程,酿造出的醋风味与酸味倍增,这种隔年陈醋便称为"老陈醋"。山西老陈醋以其清香、浓郁、绵香、醇厚的特点名扬天下,被誉为"华夏第一醋"。

1. 主要原辅料

贾思勰《齐民要术》中详细记载了23种制醋技术,原料包括高粱、大麦、小麦、糯米、小米、大豆、小豆等,糖化剂有根霉、米曲霉两类。

2. 主要微生物与生化过程

虽然中国醋的固态发酵生产不是无菌操作，但由于具有高度选择性的材料和操作条件，特定的真菌（如曲霉、根霉）、酵母（如酿酒酵母、异常汉逊酵母）和细菌（如醋酸菌、乳酸菌）分别主导了淀粉糖化、酒精发酵和醋酸发酵的过程，从而降低了染菌的风险。由于特定的自然条件，曲中形成的微生物群落并未完全被人了解，大规模工业化生产的醋的品质远不如传统固态发酵酿制的食醋，如传统中国醋中的有机酸和多酚含量便远高于工业化规模生产的醋，清除自由基的能力也更强。醋的发酵过程大致上可以分两步，第一步，糖在酵母酒化酶作用下转化为酒精；第二步，乙醇转化为乙醛，是由一种酶（或多种酶），即乙醇脱氢酶进行的，乙醛再转化为乙酸，是通过乙醛脱氢酶完成的。

"曲是骨，水是血"，山西特有的水土是老陈醋独特风味的关键，空气和土壤中诸多有益于发酵的微生物是山西老陈醋色浓味清的基础。曲中独特的微生物有助于形成醋独特的风味与香味。

曲中的优势微生物是各种霉菌，包括曲霉、根霉、毛霉和青霉。根据制备方法，曲可分为大曲、小曲、麸皮曲、小麦曲、草本曲、红米曲等。不同类型的曲有不同的微生物区系。大曲、小曲、草本曲、红米曲的微生物来源于自然环境，而麸皮曲、小麦曲的微生物则来源于培养的曲霉或根霉。大曲的主要微生物是曲霉，小曲中主要微生物是根霉。

3. 标准化生产

(1)原料处理

原料粉碎为粗粉，加入大量水润料 8～14h，蒸料、焖料，要求蒸熟，蒸透，无夹心，淀粉含量在 16%～18%为最佳。冷却后，调节水与高粱的比例，入缸进行酒精发酵。

(2)发酵

酒精发酵前 3～4d 为主发酵期，需搅拌酒醪，对酒醪进行降温并为酵母菌繁殖提供氧气，主发酵期结束后封缸进行密封发酵，进入后发酵期，为下一步的醋酸发酵积累前体物质，并产生酯类物质，也称为酯化养醪期。酒精发酵结束后，在酒醪中拌入80%的麸皮、80%的谷糠(以高粱质量计)，调节新醅酒精度和水分，入缸进行醋酸发酵。接入已发酵1～2d的醋醅(火醅)，此过程称为“接火”。

接火后醋酸菌繁殖和发酵一段时间后，醅温会上升到40℃左右，这时进行翻醅。翻醅时动作要轻，不要使种醅过度分散。翻好后从底下搂出一层新醅盖住中间的火醅。中醅的温度升高到45℃左右，用手插入醅内感到温热，这叫作“上火”，即火已到头，应及时翻醅，延伸火醅的范围。经过三天的醋酸发酵过程，整个接火操作就完成了，这个阶段最主要的是进行醋酸菌的增殖。整个过程中，醋酸菌活力很高，使得已接种的醅，迅速地达到较高的醋酸菌浓度，使其在发酵中保持绝对优势。之后先取火醅，作为另一批新醅的种子。剩下的火醅翻匀，翻后顶部仍呈尖形，并盖好草盖。发酵过程中控制醅温在38℃左右，最高不超过40℃。

当醋酸菌的发酵力明显减弱，残存的酒精分也很少，醅温显著下降，表明醋醅成熟为凉醅，此时应在醋醅中加盐。

醋醅成熟为凉醅后，表明醋酸发酵已基本完成，应立即加盐。加入缸中料5%的食盐，以抑制醋酸菌的活力。醋醅加盐后充分翻拌，待醋醅温度降至26～28℃或室温时，便可出缸转入熏醋和淋醋工序。此时醅中酸含量在6.5g/100ml左右，此醋醅俗称白醅，也称黄醅。

(3)熏醅、淋醋和陈酿

①熏醅

熏醅工艺在我国山西的许多醋厂采用，其他地方采用的不多。醋醅熏制后，使醋的色泽更诱人，味道更醇厚。

熏醅是在用砖砌的坑灶熏缸里进行的。一个熏坑中安有两排大缸，每排8个，缸与缸之间用砖砌成隔墙。

在熏醅过程中，低分子糖类和氨基酸等低分子含氮物质进行化学反应形成类黑素。类黑素是醋醅中色泽和香味的主要来源。形成类黑素的最适宜温度在100～110℃，最适pH值为5.0，醋醅最低水分不小于5%。

老陈醋熏醅周期为4d，熏醅的最高温度可达85～100℃。熏醅时要用温火，不宜火力过强。为保证醋醅的熏烤程度一致，每天要倒缸一次。熏好的醋醅颜色呈黑紫色，俗称红醅。

②淋醋

成熟的白醅和红醅经过加水浸泡后，淋出原醋即新醋。

白醅送入淋醋池中，加入上一次淋醋时淋出的二遍醋浸泡，补足冷水。浸泡12h后即可淋醋。淋出的醋液为白醅醋。将白醅醋入锅煮沸，在锅内加入0.1%的香料，如花椒、大茴香等。煮沸后的白醅醋便可放入红醅中进行浸泡，在红醅中浸泡4h，便可淋出新醋。

红醅、白醅都要淋过3次后才可出糟，只有第1遍的醋才是淋出的新醋，第2、第3次淋出的醋称为淡醋或稍子水，只能用来浸泡红醅或白醅。

淋醋的产量要根据要求而定。一般100kg高粱产700kg左右的新醋，含酸在3.5g/100ml以上。老陈醋要求酸度高，新醋质量也要高，含醋酸6.5g/100ml以上。一般，每100kg高粱产400kg新陈醋。

③陈酿

淋出的新醋只是半成品，还需要经过1年左右的陈酿才能成为老陈醋。老陈醋在陈酿过程中要经过夏天骄阳的烤晒，冬日严寒的侵袭，也就是要经过“夏日晒，冬捞冰”的陈酿过程。

经过10～12个月的陈酿，醋的水分大量散失，总量减半有余，醋酸浓度和风味物质浓度不断增加。陈酿后的老陈醋色泽明显加深，酸度增高，口尝酸味浓，且酸中有甜。

随着对传统工艺研究的不断深入，陈酿过程中采用了太阳能陈酿池、真空浓缩等技术和设备。这些新技术的应用，使陈酿周期大幅缩短，酸损失率由55%下降到18%，并且回收了白醋，既增加了花色品种，又提高了经济效益。

浓缩后的老陈醋经过滤后便可装瓶包装出厂。

(二)镇江香醋

镇江香醋在海内外享有盛誉,是江苏省镇江市的特产,也是中国国家地理标志产品。它主要以糯米为原料,它的起源和米醋或糯米醋的发明密切相关,具有色、香、酸、醇、浓五大特点,色浓和味鲜,香而微甜,酸而不涩,存放愈久,味道愈香。"香"字说明镇江醋比起其他种类的醋来说,特点在于一种独特的香气。

镇江香醋之所以能够超过其他同类产品,主要原因是采用独特的固态分层发酵生产。固态分层发酵生产是醋酸发酵过程中的一个关键所在,也是镇江醋业1400多年来丰富的技术积累。通过"固态分层发酵"的方法,保证原料有足够的氧气、一定的营养比例、恰当的水分和适宜的温度,有利于醋酸菌的繁殖,以利于逐步将原料中的酒精氧化成醋酸。

镇江香醋通过高温浓缩、散发水分,增加香气和酸度,再经过长时期的贮存、酯化,使镇江香醋更具特色。香醋的贮存设备非常考究,必须存放在规定的陶瓷坛内密封陈化,要求室内通风良好。醋内的醋酸和微量酒精成分经过贮存,产生一定的醋酸乙酯,是构成香气成分的主要来源。

1.主要原料

镇江香醋主要原料为糯米、麸皮。

2.主要微生物与生化过程

一是糯米中淀粉的分解,即糖化作用(水解);二是酒精发酵,即酵母菌将可发酵性的糖转化成乙醇(发酵);三是醋酸发酵,即醋酸菌将乙醇转化成乙酸(氧化),其中巴氏醋酸杆菌是镇江香醋的优势菌群。

3.标准化生产

镇江香醋是以恒顺地产优质糯米为主要原料,采用传统复式糖化、酒精发酵、固态分层醋酸发酵、炒米色淋醋等特殊生产工艺,经大小40多道工序,历时70d左右产出熟醋,然后注入特制陶坛密封6个月以上陈酿而成。镇江香醋是典型的米醋,它之所以能够蜚声国内外,超过其他同类产品,与其发酵生产考究有着密切关系。其中酒精发酵阶段要选用粒大、浑圆、晶亮、润白、淀粉含量达72%的优质糯米，并且浸泡应适时，蒸熟煮透，水分适量，低温发酵。醋酸发酵阶段采取固体分层发酵法，这是镇江香醋酿造生产的独特之处，在整个醋酸发酵过程中要保证充足的氧气、丰富的养分、恰当的水分、适宜的温度，这四大要素缺一不可。尤其是发酵温度，直接关系香醋的质量，每一个阶段的温度都有具体要求。加炒米色淋醋阶段是将醋酸溶解于水，加炒米色调制色泽和香气，再经过滤、煎煮、去除杂物、净化消毒，确保香醋的纯洁度。另外，镇江香醋对贮存容器也非常考究，一般选择在陶都宜兴产的陶坛内密封陈化，最后经过特制陶坛密封贮存6个月以上陈酿而成的醋赋予镇江香醋“酸而不涩、香而微甜、色浓味鲜、愈存愈香”的风味和特色。

(1)原辅料

米质对镇江香醋的质量、产量有直接的影响，糯米的支链淀粉比例高，吸水速度快，黏性大，不易老化，有利于酯类芳香物质生成，对提高食醋风味有很大作用。麸皮能吸收酒醅和水分，起疏松和包容空气的作用，麸皮还含有丰富的蛋白质，与食醋的风味有密切的关系。

(2)糖化

糯米经粉碎后，加水和耐高温α-淀粉酶，打进蒸煮器进行连续蒸煮，冷却，加糖化酶进行糖化。

(3)酒精发酵

淀粉经过糖化后可得到葡萄糖，将糖化30min后的醪液打入发酵罐，再把酵母罐内培养好的酵母接入。酵母菌将葡萄糖经过糖酵解途径生成丙酮酸，丙酮酸由脱羧酶催化生产乙醛和二氧化碳，乙醛被进一步还原为乙醇。在发酵罐里酒精发酵分3个时期：前发酵期、主发酵期和后发酵期。

①前发酵期：酒母与糖化醪打入发酵罐后，这时醪液中的酵母细胞数还不多，由于醪液营养丰富，并有少量的溶解氧，所以酵母能够得以迅速繁殖，但此时发酵作用还不明显，酒精产量不高，因此发酵醪表面比较平静，糖分消耗少。前发酵期一般10h左右，应及时通气。

②主发酵期:8～10h 后,酵母已大量形成,并达到一定浓度,酵母菌基本停止繁殖,主要进行酒精发酵,醪液中酒精成分逐渐增加,二氧化碳随之逸出,有较强的二氧化碳气泡响声,温度也随之很快上升,这时最好将发酵醪的温度控制在 32～34℃。主发酵期一般为 12h 左右。

③后发酵期:后发酵期醪液中的糖分大部分已被酵母菌消耗掉,发酵作用也十分缓慢,这一阶段发酵,发酵醪中酒精和二氧化碳产生得少,所以产生的热量也不多,发酵醪的温度逐渐下降,温度应控制在 30～32℃。如果醪液温度太低,发酵时间就会延长,会影响出酒率,这一时段约需 40h。

(4)醋酸发酵

酒精在醋酸菌的作用下,氧化为乙醛,继续氧化为醋酸,这个过程称为醋酸发酵,在食醋生产中醋酸发酵大多数是敞口操作,是多菌种的混合发酵,醋酸发酵是食醋生产中的主要环节。

(5)提热、过杓

将麸皮和酒醅混合,要求无干麸,酒精度控制在 5%～7%为好,再取当日已翻过的醋醅作种子,也就是取醋酸菌繁殖最旺盛的醋醅作种子,放于拌好麸的酒麸上,用大糠覆盖。从第 2 天开始,将大糠、上层发热的醅与下面一层未发热的醅充分拌匀后,再盖一层大糠,一般 10d 后可将配比的大糠用完,酒麸也用完开始露底,此操作过程称为“过杓”。

(6)露底

“过杓”结束,醋酸发酵已达旺盛期。这时应每天将底部的湿醅翻上来,面上的热醋醅翻下去,要见底,这一操作过程称为“露底”。在此期间由于醋醅中的酒精含量越来越少,而醋醅的酸度越来越高,品温会逐渐下降,这时每日应及时化验,待醋醅的酸度达最高值,醋醅酸度不再上升甚至出现略有下降的现象时,应立即封醅,转入陈酿阶段,避免过度氧化而降低醋醅的酸度。

(7)封醅

封醅前取样化验,称重下醋,耙平压实,用塑料或尼龙油布盖好,四边用食盐封住,不要留空隙和细缝,防止变质。减少醋醅中空气,控制过度氧化,减少水分、醋酸、酒精挥发。

(8)淋醋

淋醋采用3套循环法。将淋池、沟槽清洗干净,干醅要放在下面,湿醅放在上面,一般上醅量为离池口15cm,加入食盐、米色,用上一批第2次淋出的醋液将醅池泡满,数小时后,拔去淋嘴上的小橡皮塞进行淋醋,醋液流入池中,为头醋汁,作为半成品。

第1次淋完后,再加入第3次淋出的醋液浸泡数小时,淋出的醋液为二醋汁,作为第1次浸泡用。第2次淋完后,再加清水浸泡数小时,淋出得三醋汁,用于醋醅的第2次浸泡。淋醋时,不可一次将醋全部放完,要边放淋、边传淋。将不同等级的醋放入不同的醋池,淋尽后即可出渣,出渣时醋渣酸度要低于0.5%。

(9)浓缩、储存

淋出的生醋经过沉淀,进行高温浓缩杀菌,可将蛋白质变性凝固作为沉淀物除去。再将醋冷却到60℃,打入储存器陈酿1～6个月后,镇江香醋的风味能显著提高。在贮存期间,镇江香醋主要进行了酯化反应,因为食醋中含有多种有机酸,同多种醇结合生成各种酯,例如醋酸乙酯、醋酸丙酯、醋酸丁酯和乳酸乙酯等。贮存的时间越长,成酯数量也越多,食醋的风味就越好。贮存时色泽会变深,氨基酸、糖分下降1%左右,因此也不是贮存期越长越好,一般为1～6个月。贮存时容器上一定要标明品种、酸度、日期。

第四章　食品质量控制

第一节　质量控制基础

食品链中质量控制过程和所有的控制系统有相同的特点，都包括以下几部分：一是测量或监测；二是在误差范围内比较实际结果和目标值(如规范、标准、日标和规格等)；三是必要的纠正措施。此过程又可总称为“控制周期”，大致可以分为7个步骤。

第一，选择控制对象。

第二，选择需要监测的质量特性值。

第三，确定规格标准，详细说明质量特性。

第四，选定能准确测量该特性值或对应过程参数的监测仪表，或自制测试手段。

第五，进行实际测试并做好数据记录。

第六，分析实际与规格之间存在差异的原因。

第七，采取相应的纠正措施。

当采取相应的纠正措施后，仍然要对过程进行监测，将过程保持在新的控制水准上。一旦出现新的影响因子，还需要测量数据、分析原因、进行纠正，因此这7个步骤形成了一个封闭式流程，称为“控制周期”。在上述7个步骤中，最关键的有两点：质量控制措施的组合和质量控制过程的管理，贯穿“控制周期”的始终。

任何企业间的竞争都离不开产品质量的竞争，产品质量是企业在市场竞争中生存和发展的基础。而产品质量作为最难控制和最容易发生的问题，往往让生产经营企业苦不堪言，轻则退货赔钱，重则客户流失，关门大吉。因此,如何有效进行质量控制是确保和提升产品质量,促使企业发展、赢得市场和获得利润的关键。

一、质量控制原理

(一)控制的定义和分类

1. 控制的定义

在管理学中,控制是对员工的活动进行监督,以判定组织是否正朝着既定的目标健康地向前发展,并在必要的时候及时采取纠正措施,以便实时纠正错误,并防止重犯的管理行为。

2. 控制的分类

在实际管理过程中,按照不同的标准,控制可分成多种类型。

(1)按照业务范围

控制分为生产控制、质量控制、成本控制和资金控制等。

(2)按照控制对象的全面性

控制分为局部控制和全面控制。

(3)按照控制过程中所处的位置

控制分为事前控制、事中控制和事后控制。事前控制指在行动之前对可能发生的情况进行预测并提前做好准备的控制形式,是组织在一项活动正式开始之前所进行的管理上的努力。它主要是对活动最终产出的确定和对资源投入的控制,其重点是防止组织所使用的资源在质和量上产生偏差。事中控制,属于过程控制或现场控制,即在执行计划的活动过程中,管理者在现场对正在进行的活动始终给予指导和监督,以保证活动按规定的政策、程序和方法进行。事后控制发生在行动或任务结束之后,经过与目标对照,查找偏差并实施矫正的控制行为。这是历史最悠久的控制类型,传统的控制方法几乎都属于此类。

(4)按照控制目的

控制可分为预防性控制和纠正性控制。预防性控制是为了避免产生错误和尽量减少之后的纠正活动,防止资金、时间和其他资源的浪费而采取的控制措施。纠正性控制常常是由于管理者没有预见到问题，在出现偏差时所采取的控制措施，使行为或活动返回到事先确定的或所希望的水平。

(5)按照实施控制的时间

控制可分为反馈控制与前馈控制。反馈控制指从组织活动进行过程中的信息反馈中发现偏差，通过分析原因，采取相应的措施纠正偏差。前馈控制又称指导将来的控制，即通过对情况的观察、规律的掌握、信息的分析和趋势的预测，预计未来可能发生的问题，在其未发生前就采取措施加以防止。因此，前馈控制就是预防性的事前控制。

上述各种不同类型的控制都有其不同的特点、功能与适应性。

(二)质量控制的定义

质量控制是质量管理的一部分，致力于满足质量要求。所谓质量要求，通常是顾客、法律法规、标准等方面所提出的质量要求，如食品的安全、营养与口感等方面的要求。具体而言，质量控制就是为达到规定的质量要求，在质量形成的全过程中，针对每一个环节所进行的一系列专业技术作业过程和质量管理过程的控制。对硬件类产品来说，专业技术过程是指产品实现所需要的设计、生产、制造、检验等。质量管理过程是指管理职责、资源、测量分析、改进及各种评审活动等。对服务类产品来说，专业技术作业过程是指具体的服务过程。

质量控制应贯穿于产品形成和体系运行的全过程，应确保质量过程和活动始终处于完全受控状态。为此，事先需制订质量控制计划，对受控状态做出安排，然后在实施中进行监视和测量，一旦发现问题就及时采取相应措施，恢复受控状态，消除引发问题的原因以防再次偏离受控状态。质量控制的基础是过程控制，无论制造过程还是管理过程，都需要严格遵守操作程序和规范。控制好每个过程，特别是关键过程，是达到质量要求的保障。

(三)食品质量控制的原理

食品链的每个环节中都存在着能直接或间接影响食品质量的因素，

因此,食品质量的控制必须以食品链为基础,关注每一个环节以及影响各环节控制过程的人、工具和机器、材料、生产方法、环境、测量手段等,以实现食品产品的标准化生产,并确保食品符合标准的要求。根据现代质量管理学理论,食品质量控制的原理至少应包括下述内容。

1. 风险思维

基于风险的思维使组织能够在食品生产过程中进行预防和控制,在食品质量失控事件发生之前就采取针对性的预防控制措施可消除潜在风险,有效预防或降低不利事件的影响。

2. 过程控制

食品质量控制首先需采取P(策划)、D(实施)、C(检查)、A(处置)循环,即过程方法,所有的控制措施首先应有科学的策划,其次应在策划的基础上实施,再次应对实施过程及其结果进行监测以保证控制措施按照策划的要求实施且有效,最后应对控制过程中发现的不符合进行纠正,对控制措施进行改进。食品质量控制的管理过程就是PDCA的不断循环过程。

3. 相互沟通

食品质量控制需要实时进行有效的外部沟通和内部沟通。外部沟通指整个食品链中各组织间的沟通,如食品加工者,他的上游是初级食品生产者,下游是批发商,那么食品加工者就需要与初级食品生产者沟通,在初级食品生产过程中可能发生的食品质量问题是什么,在初级加工过程中已经将相关质量危害降低到什么程度,加工组织还需要采取哪些措施等;对于批发商,需要告知加工产品的保存方法、食用要求,以免产生食品质量问题。外部沟通还包括组织与政府相关主管部门之间的沟通,以及时获得食品行业相关资讯。

内部沟通指组织的所有相关部门、人员之间就食品质量影响因素而建立的沟通管理,如质量管理人员将食品原料质量、食品生产现场监测结果与仓库、生产等部门进行沟通。

4.全员参与

所有员工都是组织之本，只有他们的充分参与，才能真正发挥他们的才干。食品质量是所有相关人员共同努力的结果，无论管理者，还是执行者，都需要为食品质量作出贡献，保证生产出高质量的食品。

5.持续改进

持续改进是组织的永恒目标。在食品质量控制与管理过程中，通过不断的PDCA循环，最终实现食品质量的持续改进。

6.体系管理

将组织中与食品质量控制与管理相关的各个过程及其组合的相互作用作为系统加以识别，并按照食品质量管理体系的要求进行系统控制和管理，将有助于实现食品质量目标。

二、食品质量的波动

质量波动是食品的一个典型特征，因为食品中包含生物元素，所以那些直接将初级产品（如水果、蔬菜、牛乳、肉等）提供至食品加工厂的原材料显示出相当大的质量波动。质量波动存在于整个生产链，包括消费的过程。原材料和产品的实际质量存在着相当大的不确定性，在食品制造过程中通过一定的控制手段能够一定程度上降低这种不确定性。质量控制也被视作达到食品品质要求的重要过程。

质量波动的来源可分为“一般”和“特殊”两种，现在也有人将这种波动对应地称为“正常波动”和“异常波动”。生产过程或系统的波动由不同的来源引起，包括人、材料、机器、工具、方法、测量手段及环境。波动的一般来源是产品、生产过程或系统所固有的，并且包括多个单独来源因素的协同作用。波动的一般来源通常占已知波动来源的80%～90%，通常可以通过组织改善来减小一般来源的波动，例如，可以通过教育来提高人（操作者）的质量意识、技术水平及熟练程度，同时包括对改善材料、机器、工具、方法、测量手段和环境等达到目的。波动的特殊来源，指并非产品、生产过程或系统所固有的，通常占已知波动来源的10%～20%，如材料供应商偶而提供的一批劣质原料、设备故障、操作人员违反生产规范、没有正确校正的测量工具等。波动的特殊来源可以通过控制图表进行测量。这类数据散差异常大，如果生产中出现这种状态，我们称它为不正常状态。在一般情况下，特殊（异常）波动是质量管理和控制中不允许的波动。

从质量控制的角度来看，通常又把以上造成质量波动的因素对应归纳为系统性原因和偶然性原因两类。

生产过程或系统的波动可能来源于不同方面，如材料、环境、方法、测量手段、机器、设备、工具和人等。对于质量控制而言，了解这些波动的来源是非常重要的。在对食品加工的质量控制方面，许多典型的波动是由技术性变量的波动而引起的。依据造成波动的原因，把波动划分为两大类：一类是正常（自然）波动；另一类是异常波动。引起波动的影响因素：

第一，食品生产过程中，主要原辅料质量的波动是一个重要的因素。食品加工的主要原料为动植物原料，由于自然生长条件、饲养条件和采收季节等方面的不同而造成的波动称为自然波动。由自然波动引起的质量指标波动一般会达到10%，甚至30%。由于采收、运输、破碎或其他处理加工，会带来许多不良生理生化和化学反应，而使得原料的质量在进入生产时产生较大的波动。不同批次的原材料质量不一，这就使得质量控制变得更加复杂。例如，批次的不同、果品原料成熟度的差异，均会大大影响果品的香气。成熟度不够香味不足，成熟度太高进入后熟期的原料又会造成腐烂，滋生大量的腐败菌和病原微生物，而在饮料、罐头等高水分活度食品加工过程中，原料中原始菌浓度的高低又会影响到成品杀菌强度和生产（温度时间的组合）的制定。这些因素对质量控制提出了更高的要求。如果原料的来源是未知的，将使质量控制更加困难。原料质量变量的多样性，要求设定的误差范围不应太窄，否则很容易导致不安全的产品出现。对于目前国内大多数食品企业而言，原料的采购、验收检验相对于成品的检验环节是一个相对薄弱的环节，必须引起足够的重视。

第二，测量手段和方法的波动。一方面原材料的巨大波动对测量手段和方法提出了更高的要求。对于控制过程来说，取样方法，即如何在适当的位置选取正确数量的样品，包括取样后样品的制备，显得尤其关键。某些取样方法，如听装果汁饮料的大肠杆菌检验一般需要 3d 以上的时间，由于耗费的时间较长，很难快速地反映生产过程中的问题。并且，这种取样的方法通常是破坏性的，尽管对同一批次的产品，在保证一定的取样基数的条件下，取样样品能够说明一定的问题。但另一方面也表明实际消费的产品是没有经过检验和控制。取样的途径、方法和手段等，都可能引起巨大的波动。

第三，引起波动的另一个重要因素就是人。包括操作者的质量意识、技术水平及熟练程度、身体素质等。一方面，在食品加工过程中，波动与加工一线人员所接受的教育程度有很大关系；另一方面，安全隐患来源于加工环境和加工技术本身的合理性，尤其对食品的加工而言，不卫生的条件（人员、环境和器具）或不适当的加工（如加工周期过长）往往会产生大量腐败菌和病原体，从而造成食品的污染，这就要求加工人员了解食品生产过程中微生物的滋生过程。所有从事食品加工的一线人员都必须经过健康体检，同时在与食品接触前必须经过更衣、换鞋和手的消毒处理（尤其对于精加工和包装工序的人员）。频繁地更换生产人员是形成波动的另一个原因。对生产文件的误解或过低的文化程度也会导致质量问题。同时，在食品加工过程中，许多控制过程，如目测、记录等，需要人的参与，因此测量的主观性和低准确度，是波动产生的又一主要原因。特殊工种的人员必须经过培训再上岗。

第四，食品加工过程中所使用的仪器和设备通常都是为了加工或检测某些参数而配备的，具有专门的用途，并不是经常更换的。对一种类型的仪器和设备而言，如果采用其他种类型的控制手段，则会形成潜在的波动来源。如高压杀菌锅设计中，泄气阀的排布是基于杀菌锅内的热分布状况而设计的。同样的生产条件下，在不同杀菌锅设备中生产出来的产品经常出现质量上的波动。食品加工过程中使用的设备和仪器在设计上就有必要考虑食品的安全问题。另外，由于不合格的设计或不适当的清洗引起的微生物污染，对控制过程提出了更高的要求，也是波动的主要来源。

三、食品质量控制的内容

质量控制的主要原则是对控制周期的运用。控制周期不仅被应用于生产层面，还可以应用于管理层面。控制周期围绕生产操作过程方面通常包括以下四部分的内容。

一是测量或监测生产过程的参数，如温度、压力等。

二是检验，即在允许误差范围内将测量到的数值与规定的数值进行比较，如对于低酸性肉类罐头的杀菌温度必须控制在(121±1)℃。

三是调节人员决定应该采取何种措施以及实施多大幅度的调节，如使用温度调节装置来控制温度。

四是纠正措施，包括所采取的正确的措施，如上调或下降加热温度。

(一)测量或监测

测量或监测步骤中包括对生产过程或产品质量指标进行分析或测量。测量单元的主要特征包括信号的获取、生产过程中发生变化的反应速度以及测定的信号和生产过程的实际状态之间的关联。分析或测量得到的结果必须能正确地反映生产过程的实际状态，是控制周期的前置条件。

测量单元可以是自动的，也可以由操作人员手动操作完成。测量手段可以是目测或通过仪器测量，如食品生产中的pH值、压力、温度或流速等都可以通过仪器直接记录或读数，对食品生产过程而言还可能包括对产品的微生物分析或感官评定，但这些分析手段通常比直接测量需要更多的时间，必须注意在采取纠正措施之前得到测量结果是控制周期中必要的前提。

(二)检验

检验是将测量或分析得到的结果与已经设定的目标和允许误差进行比较。结果可以是定量指标，也可以是定性指标。如某一病原体形成的菌落总数可以通过定量指标来检验,而感官指标,如颜色、外观等可以通过定性指标来检验。在控制周期的这一个部分中,通常使用控制图表检验,在图表中可以绘制出实际的结果、目标和允许误差。从误差的来源看,一般波动来源的协同作用效果反应为允许误差,它都可以通过统计学方法得到。在控制图表上,对于特殊来源的波动可以注明为失控状态。

控制图表包括很多种类。选择何种类型的控制图表取决于监控的目标类型和数据的类型。例如,对于变量(如连续的刻度测量)和品质数据(如合格或不合格)采用不同的图表。

(三)调节人员

调节人员根据与目标值进行比较得到的结果判断应该采取何种纠正措施。因此,调节人员需确定纠正措施的程度(多或少)和方向(正或负)。实际生产中有许多类的调节人员,包括最简单的调节人员和复杂的调节人员系统。必须根据生产过程的性质和所需要的准确度来选择调节人员。常见的调节人员分为以下几类。

1. 开—关调节人员

这是最简单的调节人员,只有两个固定的工作岗位,即开和关。

2. 比例调节人员

这一类型的调节人员所采取的措施的程度与生产过程参数的偏差有直接关系。

3. 最适调节系统

在这一过程中,调节人员对几个生产过程参数与不同的目标进行比较,以得到最佳的调节效果。

4. 专家系统

这是一类非常专业的调节人员,集系统的专业和知识为一体。例如,在一个再利用食品灌装 PET 瓶的清洗过程中,需要一个模式识别系统,即专家系统。生产中,首先是快速分析瓶子的顶空部分,其次是鉴定不稳定物质,并与专家系统的信息进行比较。如果模式不符合,则需要剔除这个瓶子,即表明瓶子清洗后仍然残留污染物,不适合再利用。

(四)纠正措施

纠正措施是对超出目标允许误差范围而采取的实际措施,如失控状态。纠正措施可以通过改变机器参数设置(如升高或降低温度)或使用人工(如剔除不合格产品)的方法来进行。纠正措施的准确度对于完成一个良好的质量周期来说是非常重要的。

控制周期有不同的形式,但是其基本原理是一致的。两个常见的控制周期分别是反馈和前馈控制周期。在反馈控制周期中,是在生产过程的问题发生后,采取纠正措施。在前馈控制周期中,生产过程的问题在出现前就已被发现,前馈控制是基于早期过程中的测量和直观的判别。以前馈控制为例,在番茄酱的生产过程中,对购入的原料番茄的可溶性固形物(糖分)进行分析,就可以在生产前修改生产条件和配方,进而得到符合要求的番茄酱产品。为了使控制周期更好地发挥作用,非常重要的一点是准确地调整生产过程的基本元素。

要恰当地评估必须控制的测量参数,这些参数与食品的质量是有密切联系的,这要求调节人员对生产过程深入了解。同时控制周期是由多个基本元素组成,必须在使用前进行原位(现场)检验。

调整的重要方面是控制周期的运行时间,即测量偏差和实施纠正措施的运行时间必须足够短,同时必须保证在此期间运行的生产过程不会出现任何问题。实际上,纠正措施并不总是在同一过程中实施。纠正措施的实施需要注意:测量(或检验)和实施纠正措施之间的时间;生产过程的类型是批次生产还是连续生产。

第二节　质量控制的工具和方法

食品加工过程控制的主要环节是测量,需要对适当的取样技术有一定的了解,包括取样方法、取样地点、取样基数及分析方法和标准等。在取样或测量前必须考虑的重要内容包括以下几个方面。

第一,应该如何取样,在何处取样。例如,如何在不均一的产品中选取具有代表性的样品。

第二，应该采取何种分析或测量方法，是否应该采取破坏性的方法，反应时间如何确定，是否改变了质量属性等。

第三，拒绝或接受某一批次或产品的根据是什么，选择的标准是什么。

数理统计中常用的几个概念如下所述。

第一，总体（又称母体）。

总体是研究对象的全体。研究对象为一道工序或一批产品的特性值，就是总体。总体可以是有限的，也可以是无限的。例如，有一批含有10000个产品的总体，它的数量已限制在10000个，是有限的总体。再如，总体为某工序，既包括过去、现在，也包括将要生产出来的产品，这个连续的过程可以提供无限个数据，所以它是无限的总体。

第二，样本（又称子样）。

样本是从总体中抽取出来的一个或多个供检验的单位产品。在实际工作中，常常遇到要研究的总体是无限的或包含数量很多的个体，使得不可能全数检查或工作量过大、费用很高，或者有的产品要检查某一质量特性必须进行破坏性试验。因此，在统计工作中常常使用一种从总体中抽取一部分个体进行测试和研究的方法，这一部分个体的全体就叫样本。

第三，个体（又称样本单位或样品）。

个体是构成总体或样本的基本单位，也就是总体或样本中的每一个单位产品。它可以是一个，也可以由几个组成。

第四，抽样。

从总体中抽取部分个体作为样本的活动称作“抽样”。为了使样本的质量特性数据具有总体代表性，通常采取随机抽样的方法。

质量管理中常用的统计方法有分层法、调查表法、散布图法、排列图法、因果分析法、直方图法、控制图法等，通常称为质量管理的7种方法。这7种方法相互结合，灵活运用，可以有效地服务于控制和提高产品质量。

统计学方法的使用为采取正确的决策提供了一定的基础，下面对食品加工质量控制中所使用的主要测量手段和分析方法进行阐述和讨论。

一、抽样试验

食品加工过程控制的抽样试验按生产环节分为：原料试验、中间过程试验和产品试验。抽样试验中的基本术语和以上提到的几个概念有相近之处，主要包括以下几个。

单位产品：是组成产品总体的基本单位，如一听罐头、一袋牛乳等，也称为检验单位。

生产批（批次）：在一定的条件下生产出来的一定数量的单位产品所构成的总体称为生产批，简称批。

批量：批中所含单位产品的个数，记作 N。

检验批：为判别质量而检验的，在同一条件下生产出来的一批单位产品称检验批，又称交验批、受验批，有时混称为生产批，简称批。批的形式有稳定批和流动批两种，前者是将整批产品贮放在一起，同时提交检验；后者的单位产品是在形成批之前逐个从检验点通过，由检验员直接进行检验。一般说来成品的检验采用稳定批的形式，过程及工序检验采用流动批的形式。

食品质量控制活动在原料交付的过程中就已开始进行，如交付控制就是针对原料试验的控制方法。交付控制的目的是根据原料是否合格来决定是否接受某一批次的原料。食品工业中常使用的检查方法包括抽样检查、百分百检查（又称为全数检查）和进料抽样试验。

（一）抽样检查

抽样检查又称为随机抽样检查，是指固定从一批原料产品中抽取一定比例的样品进行检查。在每次抽取样本时，总体中所有的个体都有同等机会被抽取的抽样方法叫随机抽样。随机抽样的方式很多，有简单随机抽样、分层随机取样、整群随机抽样和系统随机抽样。例如，每一批次中抽取 10％的样品进行检查，或是有规律性地选取各批次中第 8 个产品进行检查。这一方法由于没有统计学依据，在不同产品中并不清楚这一使用方法得到错误决定的风险有多大。通常在对数量性原料(如对来自包装材料厂包装材料的数量)样品检查时采取抽样检查，但这种抽样检查方法并不能成为质量认证的决定性手段。

(二)百分百检查

百分百检查就是对全部产品逐个地进行试验与测定，从而判定每个产品合格与否的检验。百分百检查又称全数检查和全面检查，它的检查对象是每个产品，这是一种沿用已久的检查方法。实际过程中百分百检查其实是一种筛选方法，是从理论上剔除某一批次中所有产品中全部的不合格品。这一检查方法通常适用于对农产品的检查，通常可以根据大小或形状进行分级。当检验费用较低而且产品的合格与否容易鉴别时，百分百检查是一种理想的检验方法。百分百检查还常应用于对产品安全要求非常苛刻的情况或成本非常高的产品。百分百检查有以下缺点。

第一，准确度通常只有 85%，检查精度有时比抽样检查更低。

第二，只能用于无损的检查。

第三，通常成本较高而且不实用。

第四，工作量大、费用高、耗时多。因为单调和不断重复的工作会造成检查人员的厌烦和懈怠。

(三)进料抽样试验

进料抽样试验通常是在交付进货的过程中使用，也可以用在进行比较昂贵的操作、处理或加工步骤之前的检验。这一方法主要基于统计学原理，目的是对所要采取的决定进行风险判定。在这里风险的含义一方面是生产者风险，就是在某一批次的产品质量合格的情况下被判定为不合格的可能性；另一方面是顾客风险，就是在某一批次产品质量并没有达标的情况下被判定合格的可能性。

进料抽样试验包括以下几个步骤。

第一，检查人员根据统计学方法在某一批次货物中随机抽取样品，即取样。

第二,确定需要经过目测、仪器测量或分析来确定不合格产品的项目(数量或水平等)。

第三,将检查结果与标准进行比较。

第四,决定是否接收某一批次的产品,即批次判定。

在选择究竟应用何种检查方法时,应该考虑检查方法的成本和因为误检所付出的代价。

代价主要取决于两个方面,即将不合格的产品提供给消费者的可能性和误检发生的概率。

二、质量分析和检测

质量分析和测量是质量控制过程中的重要层面。分析或测量应用于评价或测量相关质量属性或控制过程。

首先,要区分不同的样品类型。对购入的原料样品进行分析以检查其是否与供应方提供的规格一致。对新供应方提供的原料样品进行检验是为了确保能够在实际中使用。过程控制样品必须经常进行快速测量或分析(如温度、压力、pH 值),对过程进行调整,以得到质量一致的产品。其次,对终端产品进行分析以检查食品是否符合法定的要求,是否符合规格,确保产品会被消费者或顾客接受或具有期望的货架寿命。对由顾客或消费者提交的投诉样品进行分析,从而查明过程中的失误。最后,对竞争对手的样品进行分析以便得到产品的相关信息。

可以利用直接测量法对食品样品进行控制,如测量 pH 值或目测颜色。如果样品不能进行直接测量,那么测量之前的分析步骤就要包括取样、样品准备和实际测量或分析。由于分析步骤是变量的一个主要来源,下面对分析步骤的不同方面进行描述。

(一)取样

取样误差常常占总误差的很大一部分,而实际分析或测量造成的误差相对较小。理想的取样应该是完全均一的,而且能够反映内在本质,如同样的质地,一样的有毒物质浓度,一样的味道。引起食品取样中的典型变量原因可能包括：不规则形状，如对于大小相似的粒子而言，圆形比多角形的样品更容易进入取样器；在取样中或取样后样品的成分会发生变化，如水分损失，风味物质的挥发或机械损伤加剧的酶促反应；在产品和产品之间或在产品内部，许多食品的品质并不是完全一致的，呈不均一分布。

对有关统计取样计划的信息，已在前面讨论过。选取何种取样计划应该依据以下几点进行选择。

第一，检查的目的，如检查的目的是接收样品还是控制过程？

第二，受检测材料的性质，如受检测材料的性质是否均一？原料的来源如何？原料的成本是多少？

第三，测验步骤的特性，如测验步骤的特性是否是无损伤测验，测验的重要性是什么？

第四，要求的可信度水平是多高？

第五，取样参数的特性是数值变量（如不合格数）还是性能变量（如菌落总数）？

(二)样品制备

1. 样品制备的目的

在食品分析中，样品制备是一个关键过程。样品制备的主要目的有以下几点。

(1)将不期望发生的反应降到最低，如酶促反应和氧化反应。

(2)准备均一的样品。

(3)防止微生物引起样品的变质和酸败。

(4)提取相关物质。

2. 样品制备的区别

不同的样品制备方法是有一定区别的。

(1)对干的或潮湿的样品进行机械磨碎以得到均一样品。

(2)利用酶或化学处理分解不同物质，或利用机械方法将干扰物质去除。

(3)利用热处理或能引起酶钝化的无机化合物钝化酶。

(4)在氮气或添加保护剂的条件下低温贮藏,以控制氧化或微生物引起的酸败。

(三)分析

进行分析和测量。其可靠性依赖于分析的特异性、准确性、精确性和敏感性等几个方面。

1.特异性

特异性是测量应该测量对象的能力。特异性受干扰物质影响,干扰物质在分析中的反应十分类似于真正被测物的反应。

2.准确性

准确性是评价与被测对象真实性接近的程度。偏差来自分析方法、外来物质的影响以及分析过程中化合物的变化等。

3.精确度

精确度取决于从分析角度的测量真实性程度。一般来说,分析的精确度误差不应超过规定值。精确度分析包括在同一实验室内进行的重复性实验分析和不同实验室之间的实验分析,还包括日内精确度和日间精确度。

4.敏感性

敏感性是指仪器反应信号值与被测物数量的比值。

(四)感官评价

产品的感官性质是影响选择和接受食品的重要因素。感官评价可在最后检查,决定加工改变的效果或将产品与竞争对手的产品进行比较。感官评价有两种类型。

1.顾客接受(喜好)测验

参加顾客喜好测试的“理想”顾客应该从众多的人群中抽出,只有这样才对产品有意义。参加测试的顾客组通过他们的喜好对产品做出评价。顾客组应由相对应的人群组成以得到可靠的、对产品有意义的评价结果。

2. 不同方法测试

此方法是由训练有素的分析小组担当。通过对4种味道(甜、酸、苦和咸)的敏感能力测试。他们的这种判断能力在任何实际阈值水平下都可以重复(重复能力),并且在低阈值水平下可判断相关的气味(敏感性)。

在实践中,产品专家经常在控制特殊产品的质量方面发挥作用。他们对用复杂的描述性语言描述特殊产品的特性是很有经验的。描述质量属性针对特殊产品组才有意义。例如,葡萄酒专家用其自己的风味名称描述葡萄酒的质量。有时,厂方测试小组可以取代专家在生产过程中和生产完成后对质量的控制。一般人员经过训练和经常性锻炼,可以辨别是否超出纪录,从而判断产品是否合格。

(五)物理评价

对于农产品食品的质量控制而言,物理评价包括分析颜色和流变学特性。后者不仅包括黏度和弹性,也包括质地(如新鲜度,脆度)。

流变学关注的是压力(如压力、张力或剪切力)和拉力之间的关系,这种关系可以通过时间与变形量之间的函数来确定。农产品食品的流变学特性可以通过分析法或积分法进行分析。在分析法中,材料的性质与基本流变学参数有关(如变形—时间曲线)。在积分法中,压力、张力和时间的经验关系是确定的。实验检测一般基于已决定的性质和质地、质量的经验关系。模拟测验是在类似实际的条件下测定不同的性质,如在加工、处理或使用情况下,流变学测量方面的例子有:测量麦粒的硬度,以判断其碾磨特性;测量面团的黏度,以得到面包制作过程中的有关弹性、延伸性的变化信息;测定肉制品的嫩度,以评价顾客的接受程度;测定水果蔬菜的质地,以确定其成熟度。

(六)微生物检验

多数定量检测和定性测定微生物的方法是基于不同的微生物在一定的培养基上的代谢活性,以测定对象微生物生长趋势,分析细胞或细胞的结合性。具体测定方法有以下几种。

1. 物理学方法

物理学方法是以测量为基础的,如测量传导特性、焓变、流动性等与微生物的代谢活性有关的特性。

2. 化学方法

化学方法以决定代谢产物、内毒素或以典型的细菌酶类为基础进行分析。

3. 特征指纹的方法

特征指纹的方法用以鉴定微生物。

4. 免疫学方法

免疫学方法用以检测和定量分析食品中微生物及其代谢产物。目前DNA技术也用于微生物分析和鉴定。

(七)成分分析

有许多分析技术可以测定食品中的成分或特征化合物。

1. 酶分析

大多数酶是热不稳定性蛋白,在食品加工过程中,酶能特异催化多种化学反应。天然存在于动植物组织以及微生物细胞中的酶,称内源酶。尤其在未加热的原料中,内源酶可以影响质地、风味和形成异味、引起变色等。另外,酶也可以广泛应用于食品 加工,如加速发酵速度(糖化酶)、改善奶酪的风味和质地(凝乳酶)、作为肉的嫩化剂(蛋白酶)、漂白天然色素等。

2. 酶分析技术的应用

作为质量控制的一部分,酶分析技术主要应用在以下几个方面。

(1)测定食品的质量状况和生产时间

例如,细菌脱氢酶就是牛乳卫生状况不佳的一个指标。高水平的过氧化氢酶表明牛乳有可能来自受感染(乳腺炎)的奶牛。贮存不当(高湿和高温)的谷物和油料种子表现出脂肪酸含量增高,而脂肪酸含量的高低是可以通过测定脂肪酶的活性确定的。

(2)监测或鉴定热处理的效果

例如,水果、蔬菜中过氧化物酶的活性可以估测漂烫效果。另外,通过测定磷酸化酶的活性可以预估牛乳巴氏杀菌的效果。

3. 酶活性的测定

酶的活性可以通过以下方法进行测定。

(1)测定底物的流变学变化

如淀粉酶(淀粉液化酶)活性可以通过监测淀粉的黏度而测定。

(2)分析酶作用后的降解产物

如监测肽酶的活性可以通过测定肽酶作用后游离氨基酸的含量而得到。

(3)监测酶活性的特殊作用

如由蛋白水解酶引起的牛乳凝固,通过蛋白水解酶来指示用于制作奶酪的牛乳的质量是否合格。

酶学反应的定量监测技术手段包括分光光度法、测压技术、电量分析法、旋光分析法、色谱分析和化学方法等。

直接的测量和分析手段可以用于原材料质量、加工过程中和最后产品的检验。控制测验类型的选择依赖于适宜的测定和可行性的分析手段,测验可以反映出产品的实际质量属性(准确测量)。取样和得到分析检测结果之间的时间跨度非常重要。如果需要得到迅速的反应,则必须选用快速检测方法。同时,分析成本也是在选择分析手段时必须考虑的因素。

第三节　食品链关键质量控制过程

一、原辅料采购与供应商的质量控制

原辅料供应商处于企业食品链的最前端,提供的原辅料是企业生产的基础,食品生产经营者对原辅料及供应商进行有效控制,是企业能够持续稳定生产合格食品,保障终产品的品质的重要环节,也是实现食品可追溯的重要一环。

(一)原辅料采购管理

食品原辅材料包括食品原料、食品添加剂、食品相关产品(如包材等)。

1. 采购流程控制

采购应考虑到企业的战略、市场供求状况、竞争对手情况、生产活动

情况、进货周期等因素，同时需充分考虑原辅料供应商质量管理、供应商创新能力、服务能力等多方面。企业内部设立专职采购部门，根据搜集的相关信息完善适合本单位的采购策略、采购方案并形成食品原料、食品添加剂和食品相关产品的采购流程控制程序，同时制定长效的采购流程控制相关的作业指导书，如原辅料进货查验制度、原料进出库管理制度等，以明确各部门责、权、利，加强部门间沟通、协调、制衡，以便提高工作效率、保证工作质量。

2. 原辅料采购标准制定

企业对所要采购的各种原料做详细的需求信息，如原辅料的品种、产地、等级、规格、数量、标签、感官、理化指标、卫生指标、包装、虫害控制、合格证明文件、车辆运输条件、存储环境等方面。制定采购标准应考虑国家法律法规及标准的要求，还需综合考虑供应市场和消费者的需求。根据实际情况，管理层和采购、生产和品控等各部门一起研究决定，力求把规格标准制定得实用可行。

原辅料采购标准不可能固定不变，企业应该根据内部需要或市场情况的改变而改变，并且根据国家法律法规标准及时检查和修订采购规格标准。制定食品原辅料采购标准，是保证成品质量的有效措施，也是后续原辅料验收的重要依据之一。

3. 原辅料验收管理

企业根据采购标准对食品原辅料、食品添加剂、食品相关产品进货查验，如实记录食品原辅料、食品添加剂、食品相关产品的名称、规格、数量、生产日期或者生产批号、保质期、进货日期以及供货者名称、地址、联系方式等内容，记录和凭证保存期限应不少于产品保质期满后6个月。

企业验收原辅料时重点需查验供货者的许可证和产品合格证明（如批次产品合格证或批检报告、进口产品检验检疫证明、购销凭证等），对无法提供合格证明文件的食品原辅料，应当依照验收标准委托具有资质的检验机构进行检验或自行检验。食品原辅料必须经过验收合格后方可使用，经验收不合格的食品原辅料应在指定区域与合格品分开放置并有明显标记，避免原料领用错误，并及时进行退换货等处理，保证食品原料的安全性和适用性。

(二)供应商质量控制

供应商质量管理作为企业质量的重要组成部分,承担着对影响企业产品的源头因素进行控制的责任。

1.供应商的选择与评价

不同的企业会根据产品特点的不同建立不同的供应商选择和评价标准,不同的产品会有不同的侧重点。但其基本流程和依据大致相同,基本步骤可归纳为:供应商重要性分类→基本情况调查→现场审核→评价与选定。

企业应根据采购频率、采购批量、原材料质量、价格呈浮动的特点,考察供应商的供货能力、产品质量保证能力和信誉度等,进行多方面细致、完整、科学、系统的评价。企业可选择因素评分法,综合分析供应商各个方面的指标,各项指标根据重要性或风险性设置不同的权重比例,并设置最低要求,在最低要求以上得分最高者为最佳供应商,原则上同一种原料的供应商应不少于两家。

2.供应商质量管理

供应商选定之后就开始样品的试样,从样品开发初始就正式对供应商进行质量控制,因为从此阶段开始进入了实质性的产品阶段。不同的企业对供应商的质量控制的程度和要求不同,但都具有以下流程。

(1)研发阶段的质量控制

在研发阶段企业可邀请供应商参与产品的早期设计与开发,明确设计和开发产品的目标质量,与供应商共同探讨质量控制过程,鼓励供应商提出降低成本、改善性能、提高质量的意见。

(2)样品开发阶段的质量控制

供应商提供的原料必须明确产品的质量控制方法、检验方法和验收标准以及不合格品的控制等文件,这时企业应与供应商共享已有的技术和资源,对试制样件进行全数检验,对供应商质量保证能力进行初步评价。

(3)中试阶段的质量控制

中试阶段是解决样品生产阶段出现的问题和对生产工艺的进一步确

定。此阶段对供应商的质量控制主要包括制定生产过程流程图、进行失效模式及后果分析、测量系统分析、制订质量控制计划、监控供应商的过程能力指数等。

(4)大批量生产阶段的质量控制

在大批量生产中,对供应商的质量控制主要包括更新失效模式及后果分析、完善质量控制计划、实时监控供应商过程能力指数、实施统计过程控制、质量检验、纠正或预防措施的实施和跟踪、供应商的质量改进等。

3.供应商绩效评价与改进

一般企业通常都有数十或上百家的供应商,在选定合格供应商后为保证其长期稳定的供应能力,需要对其进行长期的动态监控。对选定的合格供应商,应建立统计数据表,就质量问题、交货时间等情况进行统计分析,选优淘劣。利用内部网络建立供应商信息共享的数据统计分析平台,建立供应商的质量档案,其中包括品控、采购、生产、售后服务、客户处获得的质量信息等。

另外可通过聘请第二方或第三方机构对供应商进行审核,通常采用的是第二方审核,通过内部质量要求或外部法律法规等环境变化来确定审核的内容,通过策划找出各自的优劣势并对各供应商的资源进行适当调整,全面提高质量水平。

二、生产过程的质量控制

通过前述采购质量控制为生产过程提供了符合质量安全要求的原辅料,然而要将原辅料转换成终产品,还需经过程序复杂的加工过程。食品生产既要满足食品外观、风味、营养、货架寿命、功能特性等要求,又要满足安全性的要求。在这过程中需运用质量管理的手段(如危害分析的方法)明确生产过程中的关键控制环节,并根据不同产品的特点制定食品安全关键环节的控制措施,形成程序文件,指导食品的生产操作。

(一)加工生产控制

生产过程中需充分考虑食物的外观、风味、营养物质和功能活性物质的要求。根据产品的特性及相应的法律法规制定规范合理的生产工艺过程控制文件，指导产品生产。操作人员必须明确每道加工生产的参数和特性，在实际生产环节，要结合生产参数和特性来进行对比和监控。

以灭菌乳和巴氏杀菌乳为例，灭菌乳灭菌强度为135℃，4s以上；巴氏杀菌乳灭菌强度一般为72～80℃，15s。后者的热敏感和生物活性物质如β-乳球蛋白等显著高于前者。因此，杀菌生产过程，必须了解产品特性，同时考虑杀菌设备、容器类型及大小、技术及卫生条件、水分活度、最低初温及临界因子等热力杀菌关键因子，并进行科学验证，当生产技术条件发生改变时（如杀菌设备更新），应对生产过程重新进行评估更新。

（二）微生物污染的控制

1. 过程产品微生物监控

食品的加工过程，如杀菌、冷冻、干燥、腌制、烟熏、气调、辐照等，作为关键控制环节可显著控制微生物。为了反映食品加工过程中对微生物污染的控制水平，可通过过程产品的微生物监控，评估加工过程卫生控制能力和产品卫生状况，从而验证微生物控制的有效性。加工过程选取的指示微生物应能够评估加工环境卫生状况和过程控制能力的微生物，同时根据相关文献资料、经验或积累的历史数据确定取样点及监控频率。

2. 生产环境微生物监控

为确保加工过程的卫生状况，生产前需根据制定的清洁消毒制度对生产设备和环境进行有效的清洁和消毒。为了验证清洁消毒效果，评估加工过程的卫生状况以及找出可能存在的污染源，通常对食品接触表面、食品接触表面临近的接触面和环境空气等进行微生物监控。

（三）化学污染的控制

分析可能产生污染的污染源和污染途径，制定适当的防止化学污染控制计划和控制程序。食品添加剂和食品工业用加工助剂严格按照相关法律法规的要求及生产方法使用，例如浸提法生产的食用油需控制原油中的溶剂残留量。另外，食品加工中不添加食品添加剂以外的非食用化学物质和其他可能危害人体健康的物质。

食品在加工过程中可能产生有害物质的情况，应采取有效措施降低其风险，例如，熏制食品、烘烤食品和煎炸食品生产过程中可能会产生苯并芘，腌制菜生产过程会产生亚硝胺类物质等。

清洁过程或生产过程中需要用到的化学品，如清洁剂、消毒剂、杀虫剂、润滑油等应符合要求，在这些外包装上做好明显警示标识，并专库存放，专人保管，使用时严格按照产品说明书的要求使用，并做好使用记录。

在生产含有致敏物质产品时应与其他产品的生产分开，采用单独的班次进行，有条件的宜使用单独的生产线。含有致敏物质产品的生产顺序应由致敏物质原料的含量决定。与其他产品的生产共线时，含有致敏物质的产品生产结束后需彻底清洁生产线，与其他产品共用的工器具必须进行彻底清洁。

（四）物理污染的控制

根据不同产品的特性分析可能产生污染的污染源和污染途径，建立防止异物污染的控制计划和控制程序。通过设置筛网、捕集器、磁铁、过滤器、金属探测器等措施对异物进行控制，最大限度降低食品受到玻璃、金属碎片、树枝、石子、塑胶等异物污染的风险。例如，饮料生产过程中使用的糖浆应先进行过滤去除杂质，罐头生产前玻璃瓶应倒置冲洗、彻底清除内部的玻璃碎屑等杂质。

接触物料的设备应内壁光滑、平整、无死角，且接触面不与物料反应、不释放微粒及不吸附物料。生产过程中不得进行电焊、切割、打磨等工作，避免产生异味、碎屑。

（五）包装控制

不同食品要注重对包装的类别把握，选取清洁、无毒且符合国家相关规定的包装材料。可重复使用的包装材料，如玻璃瓶、不锈钢容器等，在使用前应彻底清洗，并进行必要的消毒。包装材料或包装用气体应无毒，并且在特定贮存和使用条件下，确保食品在正常的贮存、运输、销售条件下最大限度地保护食品的安全性和品质。

在包装操作前，应对即将投入使用的包装材料标识进行检查，避免包装材料的误用，并予以记录，内容包括包装材料对应的产品名称、数量、操作人及日期等。对食品包装过程有温度要求的应在温度可控的环境中进行。

三、终产品的质量控制

通过使用符合质量要求的原辅料并严格执行生产操作要求，可以获得符合质量策划要求的终产品。终产品质量控制目的是验证生产过程中一系列质量控制措施组合的有效性。

终产品质量控制主要是以检验的方式实施，包括发证检验、监督检验和出厂检验。发证检验是对企业生产出符合质量标准产品能力的确认，能力确认后方可发证合法生产；出厂检验是针对重要质量指标，在每批产品出厂前实施的验证；监督检验是针对质量标准中所有质量指标在一定周期内（一般半年或一年）实施的验证。

发证检验和监督检验必须由生产企业委托有资质的第三方检测检验机构实施，并出具检验报告。生产企业根据自身的运营情况，也可将出厂检验委托给有资质的第三方检测检验机构实施。

终产品质量控制可采用的技术和方法。在实际实施过程中，要关注以下内容。

（一）终产品质量控制应保障食品安全，实现顾客满意

企业运营的根本目的是通过实现顾客满意的结果而获取经济利益，终产品质量控制直接为此目的服务，有些食品生产中存在保障食品安全与实现顾客满意的结果的冲突，应在质量控制中做好权衡。如熟制水产品加工中，采用高温长时间杀菌生产会给产品带来更高的食品安全保障，但会劣化水产品的感官特性、降低客户满意度，对于此类情况要做好相关生产的优化，尽可能在保障食品安全的前提下，将生产带来的感官劣化降到最低。

（二）检验能力的建设和确认

生产企业自建实验室不仅要配备与检验质量指标相匹配的检验设备设施并做好计量检定和维护保养，还要关注检验人员是否有能力实施检验过程，如检验人员可参加由食品安全监管部门组织的检验能力培训，培训合格后持证上岗。在选择第三方检测检验机构时必须确认机构的检验能力是否被国家相关部门认可，应选择具有中国计量认证的检验机构，建

议选择被中国合格评定国家认可委员会认可的检验机构。

四、流通过程的质量控制

食品流通过程的质量控制是围绕食品采购、流通加工、运输、贮存、销售等环节进行的管理和控制活动，以保证食品的质量安全。

以下主要介绍流通加工、运输、贮存和销售环节的质量控制要求。

(一)流通加工过程控制

流通加工指的是食品流通过程中的简单加工，包括清洗、分拣、分装、分割、保鲜处理等过程，预包装食品一般不涉及流通加工，食用农产品及散装食品可能会涉及这个过程，如蔬菜清洗、猪肉根据部位进行分割、水果根据大小进行分级、散装食品大包装分装小包装、采摘的果蔬预冷等。

流通加工应具有相应的硬件设施条件，需根据不同清洁要求对加工间的清洁区和非清洁作业区进行区分，并根据不同食品的特性或生产需求对作业区的温度、湿度、环境进行不同设置，特别是生鲜肉、禽等这些易腐食品对温度敏感，在畜禽分割过程中对分割间的温度有要求。一般畜类分割间温度应控制在12℃以下，禽类分割间一般应在8～10℃，但畜禽胴体加工间温度控制在28℃以下即可。

流通加工生产应根据不同产品的特性进行选择并对生产参数进行控制，如畜类一般采用风冷进行冷却，禽类则可选择风冷或水冷方式进行冷却。采收的果蔬应根据其特性选择真空预冷、强制通风预冷或压差预冷中适宜的预冷方式和预冷设施尽快进行预冷。呼吸易变型水果(如香蕉)或乙烯释放量高的果蔬，宜采用密封式内包装，并于内包装中放置乙烯吸收剂。

流通加工涉及的刀具、砧板、工作台、容器、电子秤等工器具及设备应定期进行清洁消毒，避免交叉污染。包装所使用的包材也应根据产品特性选择，果蔬一般选用PVC材质的塑料保鲜膜进行塑封，但油脂含量高的食品应尽量使用PE材质的保鲜膜。

(二)运输过程控制

根据食品的特点和卫生需要选择适宜的运输条件，必要时配备保温、冷藏、冷冻设施或预防机械性损伤的保护性设施等，并保持正常运行。运输食品应使用专用运输工具，并具备防雨、防尘设施，装卸食品的容器、工具和设备也应保持清洁和进行定期消毒。

食品不得与有毒有害物质一同运输，防止食品污染。为了避免串味或污染，同一运输工具运输不同食品时，如无法做好分装、分离或分隔，应尽量避免拼箱混运。一般情况下，原料、半成品、成品等不同加工状态的食品不混运；水果和肉制品、蔬菜和乳制品、蛋制品和肉制品这些不同种类、不同风险的食品不混运；具有强烈气味的食品和容易吸收异味的食品不混运；产生乙烯气体的食品和对异性敏感的食品（如苹果和柿子）不混运。

运输装卸前应对运输工具进行清洁检查，有温度要求的食品在装卸前应对运输工具进行预冷，使其温度达到或略低于食品要求的温度，装卸过程操作应轻拿轻放，避免食品受到机械性损伤，同时应严格控制冷藏、冷冻食品装卸货时间，如没有封闭装卸口，箱体车门应随开随关，装卸货期间食品温度升高幅度不超过 3℃。冷冻冷藏食品与运输设备箱体四壁应留有适当空间，码放高度不超过制冷机组出风口下沿以保证箱体内冷气循环。

运输途中，应平稳行驶，避免长时间停留，避免碰撞、倒塌引起的机械损伤。冷冻冷藏食品运输途中不得擅自打开设备箱门及食品的包装，控温运输工具应配备自动记录装置，显示并记录运输过程中箱体内部温度，箱体内温度应始终保持在冷冻冷藏食品要求的范围内，冷冻食品运输过程中最高温度不得高于-12℃，但装卸后应尽快降至-18℃或以下。

卸货区宜配备封闭式月台，冷冻冷藏食品应配有与运输车对接的门套密封装置。卸货时应轻搬轻放，不能野蛮作业任意摔掷，更不能将食品直接接触地面。冷冻冷藏食品卸货前应检查食品的温度，符合要求方能卸货，卸货期间食品中心温度波动幅度不应超过其规定温度的±3℃。卸货完成后应及时对箱体内部进行清洗、消毒，并在晾干后关闭车门。

(三)贮存过程控制

贮存场所保持完好、环境整洁,与粪坑、暴露垃圾场、污水池、粉尘、有害气体、放射性物质和其他扩散性污染源等有毒、有害污染源有效分隔。贮存场所地面应使用硬化地面,并且平坦防滑并易于清洁、消毒,并有适当的措施防止积水。贮存场所还应有良好的通风、排气装置,保持空气清新无异味,避免日光直接照射。贮存设备、工具、容器等应保持卫生清洁,并采取有效措施(如纱帘、纱网、防鼠板、防蝇灯、风幕等)防止鼠类、昆虫等侵入。

对温度、湿度有特殊要求的食品,应设置冷藏库或冷冻库,例如,生鲜肉应当贮存于 0～4℃,相对湿度 85%～90%环境下;冷冻肉应当贮存于-18℃以下,相对湿度 90%～95%环境下。冷库门配备电动空气幕或塑料门帘等隔热措施。库房应设置监测和控制温湿度的设备仪器,监测仪器应放置在不受冷凝、异常气流、辐射、振动和可能冲击的地方。为确保库房制冷设备运转,应定期监测库房温度是否符合贮存食品温度要求,并对制冷设备进行维护,定期对库房进行除霜、清洁和维修。

食品要离墙离地堆放,一般离墙离地 10cm 左右,防止虫害藏匿并利于空气流通。食品贮存应遵循先进先出的原则,对贮存的食品按食品类别采取适当的分隔措施,做好明确标识,防止串味和交叉污染。不同库存放生鲜食品和熟产品,不同库存放具有强烈挥发性气味和腥味的食品,预包装食品与散装食品原料分区域放置,散装食品贮存在食品级容器内并标明食品的名称、生产日期、保质期等标识内容。

库房内严禁对贮存的食品进行切割、加工、分包装、加贴标签等行为。另外,库房内宜设置专门区域存放过期或临近保质期食品,并做好区域标识。定期对库存食品进行检查,及时处理变质或超过保质期的食品。

(四)销售过程控制

食品销售应具有与经营食品品种、规模相适应的销售场所,且销售场所应远离垃圾场、公用旱厕、有害气体、粉尘、污水等污染源。销售场所需有照明、通风、防腐、防尘、防虫害和消毒的设备设施，在食品的正上方安装照明设施，应使用防爆型照明设备。销售场所应当进行合理的布局，食品销售区域与非食品销售区域分开设置，食品不得与其他非食品混放。食品销售区要合理布局，生食区域与熟食区域分开，待加工食品区域与直接入口食品区域分开，经营水产品的区域应与其他食品经营区域分开等，总之各区域要按照食品的存储条件及食品自身特点布局，防止交叉污染。同时在食品经营场所应配备设计合理、防止渗漏、易于清洁的废弃物存放专用设施，必要时应在适当地点设置废弃物临时存放设施，在废弃物存放设施和容器上应做好清晰标识，并及时处理废弃物。

食品销售应具有与经营食品品种、规模相适应的销售设施和用具。与食品表面接触的设备、工具和容器，应使用安全、无毒、无异味、防吸收、耐腐蚀、不易发霉、表面平滑且可承受反复清洗和消毒的材料制作，易于清洁和保养。

食品在销售过程中，不得直接落地码放，同一产品应集中放置于货架上或指定陈列地点，食品陈列区不得存放衣物、药品、化妆品等私人物品。

肉、蛋、乳、速冻食品等容易腐败变质的食品应摆放在冷柜中陈列销售，陈列时不能超过冷柜的负载线，不能堵住出风口，更不能将商品摆放在陈列柜的回风口处。冷藏陈列柜的敞开放货区不能受到阳光直射，不能受强烈的人工光线照射，更不能正对加热器。定期对冷柜温度进行监控，在非营业时间进行除霜作业，保证冷藏设施正常运行。

销售散装食品时，散装食品必须有防尘材料遮盖，设置隔离设施以确保食品不能被消费者直接触及，设置消费者禁止触摸标识，在散装食品的容器、外包装上标明食品的名称、成分或者配料表、生产日期、保质期、生产经营者名称及联系方式等内容，确保消费者能够得到明确和易于理解的信息。散装食品标注的生产日期应与生产者在出厂时标注的生产日期一致。同时在经营过程中包装或分装的食品，不得更改原有的生产日期和延长保质期。包装或分装食品的包装材料和容器应无毒、无害、无异味，应符合国家相关法律法规及标准的要求。

第四节　食品质量控制过程的管理

一、有效控制

控制必须谨慎地运用，以便取得好的结果。有效控制系统必须与计划整合为一体，同时应注意到灵活性、精确性、及时性等。

（一）与计划整合为一体

控制应当与计划过程整合为一体。特别是确定的目标很容易转化为绩效评估的标准，这些标准可反映出计划被执行的情况。

（二）灵活性

灵活性是发展有效率管理控制系统中的重要的因素，它使企业在商业环境中及时应对变化。在愈加复杂、愈加多变的商业环境中，控制系统应该具有更大的灵活性。如果在生产过程中或在所需数量的供应资源上发生变化，例如，由于新技术或消费者的要求出现变化，控制必须具有足够的灵活性以适应这种变化。

（三）准确性

控制系统只有在其依赖的信息包括信息的来源上准确的时候才有用。如果质量控制系统中，生产工人有机会掩盖产品缺点，那么潜在的误差会使控制系统毫无用处。因为此时控制系统应该具备的准确性测量和报告已不复存在，控制就谈不上有效。

（四）及时性

有效的控制系统能及时提供所需要的信息。一般而言，环境条件越不确定，越需要经常获取信息。

（五）客观性

为了保证有效，控制系统必须提供客观的信息，并且对所获信息进行评估。客观地控制有关的信息要求并对所得到的信息进行评估，并不是简单地报告发生了多少缺陷，而是分析缺陷是怎样发生的。在实际生产中，存在对控制活动的抗性。抗性存在的一般原因在于控制过度，不适当的加紧控制（控制系统不应致力于对有意义的相关事件进行控制），此种控制的回报往往是无效。为了克服对控制的抗性，应该通过精心计划创造一种有效的控制，鼓励雇员参与，将组织的目的变成个人的目的。除此之外，必须对系统进行检查和权衡，为控制决策提供信息和资料。通常工人们必须接受有关控制的目的和功能的教育，并明确他们本身的活动与控制目的的关系。

基于控制系统的基本元素，系统不能够有效运行的主要原因包括以下内容。

第一，雇员抵抗控制的高发生率。

第二，符合控制标准的部门不能够达到整体要求和目的。

第三，增加控制并不能改善绩效。

第四，现存的控制标准已经过时。

第五，机构在销售、利润和市场份额上的损失。

二、组织控制的形式

管理者对于控制通常有两种观点即内部控制和外部控制。管理者所依靠的是那些能够自我控制行为的人。这个策略对于内部控制而言，允许激励个人、班、小组锻炼自我约束力，以完成所期望的工作。管理者也可以采取直接的行动以控制其他人的行为。外部控制是利用个人监督和正式的管理系统进行管理。有效控制的组织通常有同时利用以上两种方式的优势。然而现在倾向于增加内部或自我控制，这与着重强调参与、授权的观点相一致，并且与工作地点有关。

两种典型控制类型，分别称为僵化控制（外部）和有机的控制（内部，自控）。

(一)僵化控制

僵化控制是通过正式的、机械的、结构化的安排,试图对整个企业的功能进行控制。它试图通过严格、僵化的管理,简明的原则和程序得到雇员同意,它对系统的回报是使雇员遵从已经实施或已经编写好的行为规范。

(二)有机的控制

有机的控制是试图通过依赖非正式的组织结构安排调控整个组织的机能。它试图刺激有能力的雇员积极参与,而不是制定严格的行为准则。组织的控制依赖于自我控制和非正式的小组活动创造有效的、宽松的、重点突出的工作环境。

值得注意的是,大规模的组织是由多个部门组成的,它们在选择僵化控制还是有机的控制在很大程度上都有所不同。例如,如果生产部门面临的是比较固定的环境,而市场部门面临的是经常变化的环境,两个部门的管理者就会选择不同的管理方法进行分工和合作。

僵化控制和有机的控制的对比类似于传统控制模式和基于质量的控制模式,基于质量的控制更多的是以有机的控制为基础。传统的方法不包括培训工人。管理者检验生产的结果,出现不符合规格的产品,工人会受到处罚。与之相比较,基于质量的控制模式包括对工人的培训。工人监督生产过程,出现不符合生产要求的结果,处理方法是对系统进行修正。

全员参与被认为是种类管理的重要组成部分,也就是说,从产品的设计到最后包装的每一个过程都有雇员参与。这一点可以通过以下方法得以实现。

第一,领导开明并支持下属的工作。

第二,将质量责任从控制部门和检验者身上转移到生产雇员身上。

第三,建立高道德素质的组织。

第四,利用已有的手段,如质量环。

所有这些手段都与授权的理念相一致。同样的理念还用于雇员对设备的保养维护，应该把设备看成自己的。要做到这一点，需要对雇员进行培训，并将技术部门的知识传授给操作者。

在食品企业中，对分权管理是有所限制的。因为有些特殊的检测必须在实验室内进行，无法在工作线上完成。在决定是现场还是在实验室进行检测时，关键是看实验室特殊检测是否值得花费时间和中断生产以得到数据结果为代价。倾向于现场检测的理由是能够快速做出决定和避免外界因素的介入。另外，特殊的设备和检测环境条件都不利于进行实验室检测。许多食品公司都依靠操作者的自身检验，即在源头对错误进行自我纠正。

三、控制的成本和效益

与所有的组织活动一样，如果控制所带来的收益要超出其成本的支出，那么控制活动可以继续进行下去。

管理者在选择组织控制的程度时必须考虑收益与成本的折中。如果控制程度过低，成本超出收益，组织控制就无效。当控制程度加大时，有效性也会增加到一定值。在这个点以下，进一步增加控制程度导致有效性降低。例如，组织可通过加强终端产品检验而获益，降低已装载货物中次品出现的数量。然而，好的取样程序可以检测到缺陷批次，更多的检验可能引起损坏。有效的管理有可能只是比无效管理更接近这一点。

第五章　食品安全生产加工管理

第一节　食品安全生产的意义和原则

与普通食品相比，有机食品、绿色食品、无公害食品都是安全食品，安全是这三类食品突出的共性，它们在加工生产、储藏及运输过程中都采用了无污染的生产技术，实行了全程质量控制，保证了食品的安全性。

一、食品安全生产加工的意义

发展食品安全生产加工是符合我国产业政策的，在提升农业质量和效益、增加农民收入、促进食品工业发展、满足不同消费需求、增强国际竞争力等方面都具有重要的现实意义。

（一）发展食品安全加工符合我国产业政策

近年来，中央和地方各级政府都对安全食品发展的高度重视和积极支持。中央文件也多次从保护人民健康和保护生态环境以及保持社会稳定的高度，提倡发展绿色食品、有机食品和无公害食品。在相关政策扶持下，我国有机食品开发一直保持着稳定快速的发展态势。

（二）发展食品安全加工，能合理利用资源，提升食品产业的整体效益

刚收获的农产品是初级产品，易腐败变质，经济价值低。通过延伸农业产业链，把生产、加工、包装、储运、销售等都纳入农业的范畴中，使农业摆脱仅仅提供原料和初级加工品的地位，形成“从田头到餐桌”的完整产业链，从而有效地提高农业的整体效益。通过加工，合理利用资源，把资源优势变为商品优势、竞争优势和效益优势，再把农产品加工形成的增值

利润向农业回流，增加农业积累，增强农业自我发展的能力，从总体上提高食品产业的综合效益。

通过加工可以合理利用、节约和保护资源。例如，油料作物榨油后的饼粕可提取蛋白质作为植物蛋白来源；动物屠宰的血和骨大多没有得到应用，血液富含蛋白质，可提取血清蛋白作为功能性食品的原料；畜骨可做骨酱、骨胶。食品企业工业废水中含有大量营养物质，如啤酒废水排放的酵母泥，经过自溶也是味道鲜美的调味料。在食品资源的利用率上，我国仍有很大的提升潜力。

（三）发展食品安全加工，可以解决就业，增加农民收入

农民可以从较低的农业生产成本和较高的售价中得到实惠，加工者和贸易者也都可以相应地得到较好的经济效益。所以要抓住当前农产品供给比较充裕的有利时机，大规模地实行安全食品加工转化，为农民增收开辟新的来源。

开发安全食品加工需要劳动集约和技术集约，从而提供较多的就业机会。

（四）发展食品安全加工，可以满足不同消费者的需求，提高人们的健康水平

随着经济的迅速发展和人们对食品安全问题的普遍关心，人们对食品的要求，朝着卫生、营养、方便及多样化方向发展。

人体需要平衡膳食，各种营养素有一定的比例，而农产品的营养成分各有特点，必须在加工中适当搭配，取长补短，才能符合人体的需要。例如，玉米的蛋白质中缺乏赖氨酸，配入富含赖氨酸的大豆，就能更好地发挥两者的营养作用。通过科学配方及对初级产品进行合理的生产、加工，保证其营养价值并提高其品质，才能满足人们对食品健康的需求。

二、食品安全生产加工的原则

安全食品加工要求安全、优质、营养、无污染，必须遵从有机生产方式，做到节约能源、可持续发展、综合利用原料、清洁生产，尽量保持食品

的天然营养特性，生产中既不污染产品，也不污染环境。在加工的任何一个环节受到污染和质量劣化，都会给食品的质量造成严重影响，因此，必须重视食品储藏、加工、包装和流通过程中的安全控制，以得到高品质的食品。

（一）食品安全加工方式应保持食品的天然营养特性和自然风味

在食品加工中，要防止或尽量减少加工中营养物质的损失，最大限度地保留其营养价值。食品的色、香、味、形均能刺激和引起人们的食欲和购买欲，故加工中保持食品的天然颜色和固有的风味是十分重要的。例如，加工果汁饮料时，不必外加香精，可将其香味物质回收再加入成品中以保持原风味；还可采用物理杀菌和无菌包装的方法，减少对营养物质的破坏，并达到不加防腐剂、无污染的目的。粮谷加工精度的标准应为能保持最好的感官性状、最高的消化吸收率，同时最大限度地保留各种营养成分。

（二）在安全食品加工时应本着节约能源和物质再循环利用的原则

在安全食品加工时应本着节约能源和物质再循环利用的原则，综合利用现有的原料，开发系列化产品，做到物尽其用。

以苹果为例，用苹果制果汁，制汁后剩余皮渣采用固态发酵生产乙醇，余渣通过微生物发酵生产柠檬酸，再从剩下的发酵物中提取纤维素来生产粉状苹果纤维食品或作为固态食品中非营养性填充物，剩下的废物经厌气性细菌分解产生沼气。这样，既提高了经济效益，又减少了加工中副产品的产生。

（三）加工过程无污染原则

食品的加工过程是一个复杂的过程，从原料入库到产品出库的每一个环节和步骤都要严格控制，防止因加工而造成的二次污染。食品加工过程中，加工厂的环境、设备的材料和清洗、加工贮运过程、原料和添加剂的使用、生产人员操作不当等都可能造成最终产品的污染或混杂。因此，必须严格控制加工过程的每一环节、步骤，制定各种防止加工中安全食品与普通食品的混淆和二次污染的措施。具体要注意以下几个方面。

1. 原料来源明确

要求加工的主要原料必须是经过中国绿色食品发展中心认证的绿色食品(有机食品)，辅料也尽量使用已认证的产品。固定的、良好的原料基地能够为加工提供质量、数量都有保证的原料。

加工原料须具备适合人类食用的食品级质量，不能对人类的健康有任何危害，对原料具体技术指标的要求应以生产出的食品具有最好的品质为原则。除了满足加工条件和生产要求外，有机加工所用的原料必须是经过认证的(有基地生产证书)，这些原料在终产品中所占的比例(重量或体积比)不少于95%；加工配料应尽可能使用已经认证的，在无法获得有机配料时，可以使用常规的、非人工合成的配料，但总量不得超过5%，作为配料的水和食用盐不计入有机配料中。

有机食品严禁用辐射、微波等方法将不适食用的原料转化成可食用的食物作为加工原料。

2. 企业管理完善

加工企业要求选址适当，建筑布局、设施设备设计合理，具有完善的供排系统，卫生条件良好，企业管理严格而有序，并且要经过认证人员考察，以保证生产中免受外界污染。

3. 加工设备无污染

绿色食品的加工设备应选用对人体无害的材料制成，特别是与食品接触的部位，必须保证不能对食品造成污染。设备本身还应保持清洁卫生，以防油污和灰尘等造成污染。

4. 加工生产合理

安全食品加工尽量选用先进的技术手段，采用合理的生产，尽可能避免破坏原料的固有营养和风味，选用天然添加剂及无害的洗涤剂，避免交叉污染。还可以通过合理配方或添加营养强化剂，增加食品营养。所选生产必须符合安全食品的加工原则，如基因工程技术、辐射保鲜技术就是安全食品生产加工中禁止使用的。

5. 选用适宜的储藏和运输方法

安全食品的储藏是加工的重要环节，包括加工前原料的储藏、加工后产品的储藏以及加工过程中半成品的储藏。储藏应选用安全的储藏方法及容器，减少储藏损失，防止在此过程中造成产品的污染。安全食品的运输过程同样要求无杂质和污染源污染，严禁因混装而造成的污染。若贮运不当，会造成食品营养成分的损失及有害物质的产生，如：谷物在贮运中若水分过高，会产生黄曲霉毒素；水果蔬菜类若贮运方法不当易发生萎蔫甚至腐烂。

6. 加强人员培训

食品生产者必须进行至少每年一次的健康体检，接触食品的生产者必须体检合格才能从事该项工作。生产人员要进行安全食品生产知识的系统培训，对安全食品标准、加工的原则有一定理解和掌握，严格按规定操作，加强责任心，在操作中避免人为的污染，从而保证食品安全。

(四)无环境污染原则

在保证食品不受任何污染的同时，还要保证在食品加工过程中不对环境和人类产生其他形式的污染与危害，做到既不污染自己，也不污染别人。加工后生产的废水、废气、废料等都需经过无害化处理，以避免对周边环境造成污染。

第二节 加工厂场地要求

一、厂址的选择

新建、扩建、改建的食品生产企业应符合相关规章制度要求，按照卫生操作规范进行选址和设计。除了考虑城乡规划发展、交通运输、动力能源、地质构造之外，还要从食品安全卫生的角度进行考虑。所以在选择厂(场)址时还应遵循以下原则。

(一)防止环境对企业的污染

食品中某些生物性或化学性污染物质常来自空气或虫媒传播。因此,在选择厂(场)址时,首先要考虑周围环境是否存在污染源。一般要求厂址应远离重工业区,必须在重工业区选址时,要根据污染范围设500～1000m的防护林带。在居民区选址时,25m内不得有排放尘、毒的作业场所及暴露的垃圾堆、坑或露天厕所,500m内不得有粪场和传染病医院。除了距离上有所规定外,厂址还应根据常年主导风向,选择污染源的上风向。此外,还应有发展的余地,否则随着生产规模的扩大,狭小的面积会影响食品加工的卫生管理。

(二)防止企业对环境和居民区的污染

食品加工不仅要采取安全食品不被污染的措施,还要考虑对周围环境和居民的影响。一些食品企业排放的污水、污物可能带有致病菌或化学污染物等污染环境和居民区。因此,屠宰厂、禽类加工厂等单位一般远离居民区。其位置应位于居民区主导风向的下风向和饮用水水源的下游。废弃物的储存设施应密闭或封盖,便于清洗、消毒,同时应具备"三废"净化处理装置,排放的废弃物必须达到相应标准。

二、厂区环境

企业不得设于易遭受污染的地区,厂区周围不应有粉尘、有害气体、放射性物质和其他扩散性污染源,不得有昆虫大量滋生的潜在场所,否则应有严格的食品污染防治措施。

厂区四周环境应易于随时保持清洁,地面不得有严重积水、泥泞、污秽等。厂区的空地应铺设混凝土、沥青或绿化。

厂区邻近及厂内道路,应采用便于清洗的混凝土、沥青及其他硬质材料铺设,防止扬尘及积水。

厂区内不得有发生不良气味、有害(毒)气体、煤烟或其他有碍卫生的设施。

厂区内禁止饲养与生产无关的动物,实验动物、待加工禽畜的饲养区应适当管理，避免污染食品，其饲养区应与生产车间保持一定距离，且不得位于主导风向的上风向。

厂区有顺畅的排水系统，不应有严重积水、渗漏、淤泥、污秽、破损或滋长有害动物而造成食品污染的隐患。

厂区如有员工宿舍及附设的餐厅等生活区，应与生产作业场所、储存食品或食品原材料的场所隔离。

三、厂房及生产车间设置

如果加工企业既生产安全食品又生产普通食品，那么在加工过程中，必须在环境卫生、加工设备、人员管理、管理体系和文档记录等方面建立健全的管理体制，避免各种可能的混淆和污染，例如利用专用车间、专用生产线来生产和加工安全产品。

(一)环境卫生要求

1. 厂房设置及车间布局

食品企业需有与产品品种、数量相适应的食品原料处理、加工、包装、储存场所及配套的辅助用房、锅炉房、化验室、容器洗刷消毒室、办公室和生活用房(食堂、更衣室、厕所等)等。各部分建筑物要根据生产顺序，按原料、半成品到成品的程序保持连续性，避免原料和成品、清洁食品和污物或废弃物交叉污染。锅炉房应建在生产车间的下风向。

(1)厂房设置应包括生产作业场所和辅助场所。

(2)厂房设置应按生产工艺流程需要和卫生要求，有序、整齐、科学布局，工序衔接合理，避免原材料与半成品、生原料与熟食食品之间交叉污染。

(3)生产车间和储存场所的配置及使用面积与产品质量要求、品种和数量相适应。

生产车间人均占地面积(不包括设备占位)不能少于 $1.50m^2$，高度不应低于 3m。

(4)生产车间内设备与设备间、设备与墙壁之间，应有适当的通道或工作空间(其宽度一般应在90cm以上),保证员工操作(包括清洗、消毒、机械维护保养),不致因衣服或身体的接触而污染食品或内包装材料。

(5)设立独立的、具有足够空间的理化检验室和微生物检验室,必要时设立独立的感官检验室和留样室,并配备相应的检验仪器设备。

2. 车间内部施工

(1)地面:生产车间地面应使用不渗水、不吸水、无毒、防滑材料,应有适当坡度,在地面最低点设置地漏,其他厂房也要根据卫生要求进行,地面应平整、无裂隙、略高于道路路面。仓库地面要考虑防潮,加隔水材料。

(2)屋顶或天花板:应选用不吸水、表面光洁、耐腐蚀、耐温、浅色材料覆涂或装修,要有适当的坡度。

(3)生产车间墙壁:要用浅色、不吸水、不渗水、无毒材料覆涂,并用白瓷砖或其他防腐蚀材料装修高度不低于2m的墙裙,墙壁表面应平整光滑,其四壁和地面交界面要呈弧形。

(4)门、窗、天窗:所有门窗应采用防锈、防潮、易清洗的密封框架,不应使用木质门窗。防护门要能两面开,设置位置适当,并便于卫生防护设施的设置,窗台要设于地面1m以上,内侧要下斜45°,非全年使用空调的车间、门、窗应有防蚊蝇、防尘设施。

(5)通道:要宽敞,便于运输和卫生防护设施的设置,楼梯、电梯传送设备等处要便于维护和清扫。

3. 卫生设备

食品车间的配置分垂直配置和水平配置2种。垂直式是按生产过程自上而下的配置,可避免交叉污染。水平配置通风采光好,运输方便,但增加了设置各种卫生技术设备的困难。

食品车间必须具备以下卫生设备:

(1)通风换气设备:生产车间、仓库应有良好通风,以保证空气新鲜。采用自然通风时通风面积与土地面积之比不应小于1∶16,采用机械通风时换气量不应低于每小时换气3次,机械通风管道进风口要距地面2m以上,并远离污染源和排风口,开口处应设防护罩,饮料、熟食、成品包装等生产车间或工序必要时应增设水幕、风幕或空调设备。

(2)照明设备:车间或工作地应有充足的自然采光或人工照明。位于工作台、食品和原料上方的照明设备应加防护罩。

(3)防尘、防蝇、防鼠设备:食品必须在车间内制作,原料、成品均要加盖。生产车间需装有纱门、纱窗。货物频繁出入口处可安排风幕或防蝇道。车间外可设捕蝇笼或诱蝇灯等设备。车间门窗要严密。当有虫害、鼠害发生时,可以使用机械的、电的黏着性捕害工具和声、光等器具,必要时使用中草药进行熏蒸和使用以维生素D为基本有效成分的杀鼠剂。

(4)个人卫生设备:企业应设置生产卫生室,工人上班前在生产卫生室内完成个人卫生处理后再进入生产车间。生产卫生室可按每人0.3～0.4m^2设置,内部设有更衣柜和水冲式厕所。不得使用大通道冲水式厕所,若设置坑式厕所时,应距生产车间25m以上,并应便于清扫、保洁,设置防蚊、防蝇设施,厕所排污管道应与车间排水管道分设,且有可靠的防臭气水封。食品生产加工企业需设立淋浴室,可分散或集中设置,还应设置天窗或通风排气孔和采暖设备。工人穿戴工作服、帽、口罩和工作鞋后,先进入洗手消毒室,在双排多个脚踏式水龙头洗手槽中用肥皂水洗手,并在槽端消毒池盆中浸泡消毒,冷饮、罐头、乳制品车间还应在车间入口处设置低于地面10cm、长2m、宽1m的鞋消毒池。

(5)工具、容器洗刷消毒设备:安全食品企业必须有与产品数量、品种相适应的工具、容器洗刷消毒间,这是保证食品卫生质量的重要环节。消毒间内要有浸泡、冲洗、消毒的设备,消毒后的工具、容器要有足够的储存室,严禁露天存放。

(6)污水、垃圾和废弃物排放处理设备:食品企业生产、生活用水量很大,各种安全废弃物也比较多,在建筑设计时,要考虑污水和废弃物处理设备。为防止污水反溢,下水管直径应大于10cm,辅管要有坡度。油脂含量高的沸水,管径应更粗一些并安装除油装置。

(二)加工设备要求

凡接触食品物料的设备、工具、管道,必须用无毒、无味、抗腐蚀、不吸水、不变形、可重复清洗和消毒的材料制作，并符合国家强制性标准的规定。一般来讲，不锈钢、尼龙、玻璃、食品加工专用塑料等材料制造的设备都可用于安全食品加工。

在选择设备时，首先应考虑选用不锈钢材质的。在一些常温常压、pH 值中性的条件下，使用的器皿、管道、阀门等可采用玻璃、铝制品、聚乙烯或其他无毒的塑料制品代替。应特别注意的是，食盐对铝制品有强烈的腐蚀作用。加工设备的轴承、枢纽部分所用润滑油部位应全封闭，并尽可能用食用油润滑。厂房内所有保温设施外层必须使用非吸水性材料。

设备、工具、管道表面要清洁，边角圆滑，无死角，不易积垢，不漏隙，便于拆卸、清洗和消毒。

设备设置应根据生产要求，布局合理，便于操作，防止交叉污染。各种管道、管线尽可能集中走向，并设有观察口以便于拆卸修理，管道转弯处呈弧形以利冲洗消毒。冷水管不宜在生产线和设备包装台上方通过，防止冷凝水滴入食品。其他管线和阀门也不应设置在暴露原料和成品的上方。

安装应符合生产卫生要求，与屋顶(天花板)、墙壁等应有足够的距离，设备一般应用脚架固定，与地面应有一定的距离。传动部分应有防水、防尘罩，以便于清洗和消毒。各类料液输送管道应避免死角或盲端，设排污阀或排污口，便于清洗、消毒，防止堵塞。

生产安全食品的设备应尽量专用，不能专用的应与常规食品分别加工，加工后要对设备进行必要的清洗，不得有清洗剂残留在设备上。

应安装自动清洗系统。如无法安装，应在每次生产前及生产后及时清洗、杀菌及消毒，并留下清洗记录。

(三)人员要求

生产人员是食品加工的主体。对生产人员的管理包括健康、卫生和专业素质的提高。食品是肠道性传染病和食源性疾病的主要传播媒介。食品生产者若患有肠道传染病或带菌，极易通过污染食物，造成传染病传播或流行,甚至引起食物中毒,因此,食品生产者必须进行至少每年 1 次的健康体检,接触食品的生产者必须体检合格获得健康证明才能从事该项工作。安全食品生产人员及管理人员还必须经过安全食品卫生知识系统培训,对安全食品标准有一定理解和掌握,才可以从事安全食品加工生产。

第三节　添加剂的科学使用

一、食品添加剂概述

食品添加剂是指为改善产品色、香、味、形、营养价值,以及为保存和加工生产需要而加入产品中的化学合成或天然物质,包括香精香料、防腐剂、抗氧化剂、风味剂、增稠剂、着色剂、酶制剂、营养强化剂、乳化剂等。天然物质是指以物理方法从天然物中分离出来的或由人工合成的物质,其化学结构、性质与天然物质相同,经毒理学评价确认其为食用安全的物质,将以上物质称为天然食品添加剂。因此,天然食品添加剂一般有 2 种:一种是物理方法分离的;另一种是人工合成的。如天然食品抗氧化剂维生素 E,一种是从植物油中分离的,另一种是人工合成的。化学合成物质是指由人工合成,其化学结构、性质与天然物质不相同,经毒理评价确认其食用安全的物质,将这种物质称为化学合成食品添加剂。

食品添加剂推动着食品工业的发展,市场上琳琅满目、品种繁多、营养美味的食品很多都得益于食品添加剂的使用,使用食品添加剂最直接的作用是可以改善食品的香、色、味、形等,提升消费者的视觉和味觉,提高消费者食用的感官质量。此外,适量使用食品添加剂还能够延长食品的保存期限,提高食品的营养价值,改善广大消费者的饮食质量,有利于消费者的身体健康。同时,通过使用食品添加剂,还可以方便食品的加工,增加食品的种类,满足人们对美食日益增长的需求。

二、合理使用食品添加剂的建议

(一)加强食品生产的源头监管

食品生产企业或生产商是食品生产的第一责任人,加大对食品生产企业或生产商的监管力度,加强食品添加剂卫生许可,从源头把控,建立食品生产者安全使用食品添加剂责任机制,明确食品生产者的责任,使食品生产者更好地履行安全使用食品添加剂的管理责任和义务,同时还要加强食品生产者自律,建立食品生产者的食品质量安全体系和等级评价制度,提高食品生产者依法、守法生产意识,使食品生产者能够严格按照相关规定使用食品添加剂。

(二)加强消费者宣传教育

很多消费者在消费美食时,只注重食品的外观、口味、功能,而往往忽略了食品的成分,特别是食品添加剂的构成,这往往会给消费者带来损害。为了更安全、健康地享用美食,就需要广大消费者提高食品的辨别能力,特别是学习食品添加剂相关方面的知识,有一个大体的了解,不至于食用了违规使用食品添加剂的食品,同时要提高自身的维权意识,如果发生了有损自身消费权的事情,可以通过网络、媒体、监管部门等正确、合理、合法的维权,从而保证自身的消费权益不受损害。

(三)完善法律法规体系,加大打击力度

法律法规是保证食品添加剂安全使用的制度基础,是监管部门的执法依据,在当今的法治社会,其重要性不言而喻。目前,我国关于食品添加剂方面的法律法规有很多,但是随着科技的进步,食品添加剂的种类不断更新,就需要我国的法律法规体系不断更新、完善,以适应社会的进步。同时要开展食品添加剂专项整治活动,对超标、违规使用食品添加剂,标签标识不真实,夸大食品添加剂作用等违法行为,根据食品添加剂法律法规中的规定,严厉打击。

食品添加剂的使用可以使食品更加方便、美味、多样、营养,使广大消费者的味蕾得到了极大的满足,极大地促进了食品工业的发展,但同时也

被某些谋取利益之人违法、违规使用,对广大消费者的身体健康造成损害。这就需要通过加强监管、完善法律法规、普及宣传教育等途径共同努力、多措并举,共同营造一个安全、卫生、健康的饮食环境。

第四节 储藏保鲜、包装和运输管理

一、储藏保鲜

食品的储藏与保鲜是把食品或其原料,经过从生产到消费的整个环节保持其品质不降低的过程。食品品质主要是指商品价值、营养价值和卫生安全程度,这些均由食品的化学组成、物理性质和有无有害微生物污染等所决定。在储藏过程中必须保证食品安全、无损害、无污染、无混淆。

(一)储藏保鲜的原因

引起食品品质降低的主要原因有以下三个方面。

第一,有害微生物的生长发育是导致食品败坏的主要原因。通常表现为生霉、酸败、发酵、软化、腐烂、产气、变色、浑浊等,对食品的危害最大,轻则使产品变质,重则不堪食用,甚至误食造成中毒死亡。

第二,酶的作用造成食品的变色、变味、变软和营养价值下降。如多酚氧化酶引起的褐变,脂肪氧化酶引起的脂肪酸败,蛋白酶引起的蛋白质水解,果胶酶引起的组织软化等。

第三,储存过程中发生的各种不良理化反应,如氧化、还原、分解、合成、溶解、晶析、沉淀等,造成色、香、味和维生素等营养组分的损失。

安全产品的储藏,是根据食品的储藏性能、储藏原理、各种储藏技术的机理、生产可行性和卫生安全性,选择适当的储藏方法和较好的储藏技术来保证食品品质的过程。在储藏期内,要通过科学的管理,最大限度地保持食品的原有品质,不带来二次污染,降低损耗、节省费用、促进食品流通,更好地满足人们对有机食品的需求。储藏环境必须洁净卫生,无有害物质残留。在储藏中,食品产品应有明显的标志,不能与常规食品混堆储存，最好有单独的原料库、成品库存放。产品出入库和库存量必须有完整的档案记录，并保留相应的单据。

(二)储藏保鲜的方法

有机食品的储藏方法应注意储藏室空气调控、温度控制、干燥、湿度调节。绿色食品还可以采用化学储藏的方法，但所选用的化学制剂需符合相关规定。应选择冷藏、气调储藏等物理和机械方法，慎用化学储藏的方法。

1. 储藏室空气调控

包括气调储藏、减压储藏、真空包装和充气包装等方法，均能较好地保持产品品质，延长储藏期。

(1)气调储藏：是利用调节、控制环境气体成分的储藏方法。基本原理是在适宜的低温下，改变储藏库或包装中正常空气的组成，降低氧气含量，增加二氧化碳的含量，以减弱鲜活食品的呼吸强度，抑制微生物的生长繁殖，控制食品中化学成分的改变，从而达到延长储藏期和提高储藏效果的目的。食品的气调储藏是国内外食品储藏的先进方法，由于其无污染，是绿色、有机和无公害食品首选的储藏方法。气调储藏除了用于果蔬的储藏外，也可用于粮食、油料、肉类及肉制品、鱼类和鲜蛋等多种食品的储藏。

我国目前采用CA储藏和MA储藏的气调储藏方法：CA储藏是气调储藏保鲜，利用气调机，人为地控制气调冷库储藏环境中的气体来保鲜。MA储藏是自发气调保鲜，也称气体通过交换式，其机制是将食品放在薄膜袋中，保持密封状态，MA储藏也包含两种方法：一种是被动气调包装，即用塑料薄膜包裹食品，借助原料本身的呼吸作用来降低氧气含量并通过薄膜交换气体调节氧气与二氧化碳的比例；另一种是主动气调，即根据不同原料的呼吸速度充入混合气体，并使用不同透气率的薄膜，进而达到一定的低氧、高二氧化碳的目的。

(2)减压储藏：又称低压储藏、真空储藏，是气调储藏的发展。减压储藏是将储藏物置于空气压力低于一个大气压、低温高湿的密闭储室中，并在储藏期间保持恒定的低压的保鲜方法。由于减压作用，降低了储藏环境中氧气浓度和乙烯的释放量，产品呼吸作用减慢，延长储藏期。

(3)真空包装：真空包装是指除去包装袋内的空气，经过密封，使包装袋内的食品与外界隔绝。食品在这种缺氧状态下，食品中生长的霉菌和需氧细菌难以繁殖，减少了食品中脂肪的氧化，给食品的保存提供了有利的条件。实现真空包装的方法有2种：其一为加热排气密封；其二为抽气密封。

(4)充气包装：又称为气体置换包装，它是采用惰性气体，如氮气、二氧化碳或它们的混合物，置换包装袋内部的空气后，再密封而实现的。在生产上进行充气包装的方法有两种：一种是把产品充填于包装容器中，再抽真空，然后充入惰性气体后再密封；另一种是快速充氮置换法，此法主要应用于进行抽真空排气比较困难的食品，如咖啡、茶叶等。

2. 温度控制

对食品冷藏是采用降低食品储藏环境的温度而达到保藏食品的目的。因此，冷藏不会对食品造成污染，是无公害食品、绿色食品和有机食品理想的储藏方法。

对动物性食品来说，降低温度可以抑制微生物生长，减弱酶的催化能力，降低氧化反应速度，使动物性食品内生化变化速度降低到很小的程度，达到保鲜的目的。储藏动物性食品时，要求在冻结点以下的低温保藏。而植物性食品采摘后仍是一个有生命的有机体，会由于呼吸作用而消耗自身的营养物质，逐渐丧失营养价值。呼吸的强弱与温度有关，降低温度可以降低呼吸强度，减缓呼吸作用，延长其储藏期。但温度又不能过低，温度过低会引起植物性食品生理病害，甚至冻死。因此，储藏温度应该选择在接近冰点但又不使之冻伤的温度。

低温储藏的冷源可分为自然冷源和人工冷源两类。自然冷源是利用自然界形成的低温，如冬季室外的低温环境、天然冰块和冰窖等；人工冷源是利用机械制冷，如冷藏库、冷藏车等。

3. 干燥

通过干燥技术将食品中的大部分水分除去，达到降低水分活度，抑制微生物的生长与繁殖，延长食品储藏期的目的，同时重量的减轻也给运输、包装等带来了方便。

干燥食品大致可分为两大类型：一类是保持着食品本来的特性，只除去其水分来提高保存性，食用的时候只添加水或者热汤、调味液就把食品基本恢复到干燥前的状态。另一类是用于干燥除去水分，使之形成与新鲜状态不同风味的食品，如用日光干燥或人工干燥的干菜、干果等。为了防止霉菌的生长，必须把水分控制在安全水分之下。当然，干燥的过程也会对食品品质产生一些不利的影响，如加热会导致营养的损失、食品化学成分的改变、色素的变化及芳香成分的散失等。

4. 湿度调节

食品都含有一定的水分，这部分水分是食品维持其固有品质所必需的。对水分含量较小的食品，其平衡湿度一般低于周围环境空气的湿度，很容易从空气中吸收水分，影响食品的储藏安全性；而水分含量较大的食品，其平衡湿度一般高于周围环境空气的湿度，很容易散失水分，产生萎蔫及表面收缩硬化等现象。所以要根据不同食品的特点对储藏室的湿度进行调节。例如，果蔬在进行减压储藏时，要用加湿器对通入减压室的空气加湿，否则，果蔬会很快失水萎蔫。

5. 食品化学储藏

食品化学储藏是指在生产和储藏过程中，添加某种对人体无害的化学物质，增强食品的储藏性能和保持食品品质的方法。按化学储藏剂的储藏原理不同，可分为三类：防腐剂、杀菌剂、抗氧化剂。

食品化学储藏的卫生安全是人们最为关注的问题。因此，生产和选用化学储藏剂时，首先必须符合食品添加剂标准，绿色食品选用添加剂时必须符合绿色食品添加剂使用标准，应着重注意利用天然防腐剂，如大蒜素、芥子油等。

二、包装

食品包装是指在食品流通过程中为保护产品、方便运输、便于储藏、促进销售而按一定的技术方法采用的材料、容器及辅助物的总称,也指为了达到上述目的而采用一系列技术措施的操作活动。

(一)食品包装的功能

包装对食品流通起着极其重要的作用,包装的科学合理性会影响食品的质量可靠性,以及能否以完美的状态传送到消费者手中。包装的设计和装潢水平直接影响食品本身的市场竞争力乃至品牌、企业形象。食品包装的功能有以下四个方面。

1. 保护食品

包装最重要的作用就是保护食品。食品在储运、销售、消费流通过程中常会受到各种不利条件及环境因素的破坏和影响,采用科学合理的包装可使食品免受或减少这些破坏和影响,以达到保护食品的目的。

对食品产生破坏的因素大致有两类:一类是自然因素,包括光线、氧气、水及水蒸气、高低温、微生物、昆虫等,可引起食品变色、氧化、变味、腐败和污染;另一类是人为因素,包括冲击、振动、跌落、承压载荷等,可引起内装物变形、破损和变质等。

不同食品、不同的流通环境,对包装保护功能的要求不同。例如,饼干易碎、易吸潮,其包装应耐压防潮;油炸豌豆极易氧化变质,要求其包装能阻氧避光照;而生鲜食品为维持其新鲜状态,要求包装具有一定的氧气、二氧化碳和水蒸气的透过率。因此,包装工作者应首先根据包装产品的定位,分析产品的特性、在流通过程中可能发生的质变及其影响因素,选择适当的包装材料、容器及技术方法对产品进行适当的包装,保护产品在一定保质期内的质量。

2. 方便物流过程

包装能为生产、流通、消费等环节提供诸多方便,能方便厂家及物流部门搬运装卸、仓储部门堆放保管、食品陈列销售,方便消费者携带、取用和消费。包装还注重包装形态的展示方便、自动售货方便及销售时的开启和定量取用方便。一般来说，产品没有包装就不能储运和销售。

3.促进销售

包装是提高食品竞争能力、促进销售的重要手段。精美的包装能在心理上征服购买者，增加其购买欲望。在超级市场中，包装更充当着无声销售员的角色。随着市场竞争由食品内在质量、价格、成本竞争转向更高层次的品牌形象竞争，包装形象将直接反映一个品牌和一家企业的形象。

现代包装设计已成为企业销售战略的重要组成部分。企业竞争的最终目的是使自己的产品为广大消费者所接受，而产品的包装包含企业名称、企业标志、商标、品牌特色以及产品性能、成分容量等食品说明信息，因而包装形象比其他广告宣传媒体更直接、更生动、更广泛地面对消费者。消费者在决定购买动机时从产品包装上能得到更直观精确的品牌和企业形象。

4.提高食品价值

包装是食品生产的延续，产品通过包装才能免受各种损坏，避免降低或失去其原有的价值。因此，投入包装的价值不但在食品出售时得到补偿，而且能给食品增加价值。

包装的增值作用不仅体现在包装直接给食品增加价值，更体现在通过包装塑造品牌价值这种无形而巨大的增值方式。当代市场经济倡导"名牌战略"，同类食品品牌声誉对销量影响很大。品牌本身会给企业带来巨大的直接或潜在的经济效益。适当运用包装增值策略，将取得事半功倍的效果。

(二)食品包装的合理化和标准化

1.影响食品包装的因素

(1)被包装食品本身的体积、质量以及它在物理和化学方面的特性。

(2)食品包装的保护性，即被包装食品在流通过程中需要哪些方面的保护。

(3)消费者的易用性。

(4)食品包装的经济性。

2.食品包装的合理化

食品包装作为食品电子商务物流的起点,对整个物流的过程起着重要的作用。因而,在设计食品包装的时候,必须进行认真的考虑,以实现食品包装的合理化。食品包装的设计必须基于物流环境条件特性,有针对性地采取某种技术手段,来实现物流包装功能。它必须同食品的流通环境条件、材料、结构、测试、市场、环保等要素联系起来,作为一个系统问题加以考虑。

3.食品包装的标准化

食品包装标准化对于现代企业具有重要的意义。

(1)通过食品包装的标准化,可以大大减少包装的规格型号,从而提高包装的生产效率,便于食品的识别和计量。

(2)通过食品包装的标准化,可以提高包装的质量,节省包装的材料,节省流通的费用,而且也便于专用运输设备的应用。

(3)通过食品包装的标准化,可以从法律的高度促进可回收型包装的使用,促进食品包装的回收利用,从而节省社会资源,产生较大的社会和经济效益。

三、运输

安全食品的运输,除要符合国家对食品运输的有关要求外,必须根据产品的类别、特点、包装要求、储藏要求、运输距离及季节不同等采用不同的手段。在装运过程中,所用工具(容器及运输设备)必须洁净卫生,不能对安全食品引入污染,禁止和农药、化肥及其他化学制品等一起运输。在运输过程中,安全食品不能与同种常规食品、性质不同或互相串味的食品混堆、混放和同箱、车、船运输。在运输和装卸过程中,外包装上的产品标志及有关说明不得被玷污或损毁。

运输必须专车专用,在无专车的情况下,必须采用有密闭的包装容器。容易腐烂的食品(如肉、蛋、鱼等)必须用专用密封冷藏车运输。运输鲜活禽、畜和肉制品的车辆应分开。乳制品应在低温或冷藏条件下运输，严禁与任何化学物品或有害、有毒、有气味的物品一起运输。水产品运输要尽量保鲜、保活，根据水质、温度、氧气条件选择合适的运输工具，尽量减少运输距离和次数。运输期间应该有专人对活体动物的健康负责，禁止使用对人体有害的化学防腐剂和保鲜保活剂，确保产品不受污染。

食品装运前必须进行食品质量检查，在食品、标签、账单三者都相符合的情况下才能装运。填写运输单据时，要做到字迹清楚，内容准确，项目齐全。运输包装必须符合相关包装规定，在运输包装的两端应有明显的运输标志。内容包括：始发站名称、到达站名称、品名、数量、体积、收货单位名称及绿色食品标志。

第五节　食品生产加工管理

一、生产加工技术

安全食品加工尽量选用先进的技术手段，采用合理的生产，尽可能避免破坏原料的固有营养和风味。可以使用机械、冷冻、加热、微波、烟熏等处理方法及微生物发酵生产，可以采用提取、浓缩、沉淀和过滤生产，但提取溶剂仅限于符合国家食品卫生标准的水、乙醇、动植物油、醋、二氧化碳、氮或羧酸，在提取和浓缩生产中不得添加其他化学试剂。在有机食品加工和储藏过程中，禁止采用离子辐照设备和技术及使用石棉过滤材料或可能被有害物质渗透的过滤材料。近年来，开发的一些新的技术被用于安全食品的保鲜、防腐和加工，如超高压技术、微波技术、超临界萃取技术、冷杀菌技术、特殊冷冻技术、膜分离技术以及生物工程技术等，可在避免污染的同时，改善食品风味，大大提高安全食品的质量，对促进安全食品工程意义重大。

(一)超高压技术

超高压技术是将食品原料填充在塑料等柔软的容器里密封放入装有

净水的高压容器中，在常温或较低温度下，给容器内部施加的100～1000MPa压力，高压作用可以杀死微生物，使蛋白质变性、酶失活等，不会使食品色、香、味等物理特性发生变化，不会产生异味，食品仍较好地保持原有的生鲜风味和营养成分。超高压处理技术适用于所有含液体成分的食物，如水果、蔬菜、奶制品、鸡蛋、鱼肉、禽、果汁等，也可用于成品蔬菜及成品肉食、水果罐头等。例如，经过高压处理的草莓酱可保留95%的氨基酸，在口感和风味上明显好于加热处理的果酱。

(二)微波技术

微波技术是利用波长在0.001～1m的电磁波把能量传播到被加热物体内部，具有升温快、加热时间短、食品营养和风味物质破坏损失少、卫生安全、便于控制和实行自动化操作的特点。食品加工中，微波加热主要应用于食品的干燥、熟化、膨化、烹调、预烹调及杀菌等方面。

(三)超临界萃取技术

超临界流体萃取是利用超临界状态下的流体具有的高渗透能力和高溶解能力，将溶质溶解于流体中，然后降低流体溶液的压力或升高流体溶液的温度，使溶解于超临界流体中的溶质因溶解度的降低而析出，从而实现特定溶质的萃取。它具有适用性广、萃取率高、产品质量高，萃取剂的分离回收较容易、选择性好、萃取过程简便，高效无污染的特点。利用这种超临界流体作溶剂，可以从多种液态或固态混合物中萃取出待分离的组分。例如，利用二氧化碳超临界萃取技术生产植物油，可解决普通浸出生产中有机溶剂残留的问题。

(四)冷杀菌技术

冷杀菌技术是用非热的方法杀死微生物并可保持食品的营养和原有风味的技术。目前，食品生产企业主要用的是电离场辐射杀菌、臭氧杀菌、超高压杀菌和酶制剂杀菌等方法。

(五)特殊冷冻技术

速冻、冷冻粉碎、冷冻升华干燥、冷冻浓缩等是近年发展起来的新技术，它们为食品加工提供一个冷的条件，可最大限度地保持食品原料原有的营养和风味，获得高质量的加工品。

1. 速冻

速冻是指使食品尽快通过其最大冰晶生成区，并使平均温度尽快达到-18℃而迅速冻结的方法，快速冻结对水果、蔬菜的质量影响较小。例如，用液氮冻结的甜椒与新鲜的甜椒相比，烹调后的菜肴两者几乎无差别。相反，缓慢冻结的甜椒，口感发皮，并具有冻菜味。

2. 冷冻粉碎

冷冻粉碎是利用物料在低温状态下的“低温脆性”，即物料随着温度的降低，其硬度和脆性增加，而塑性及韧性降低，在一定温度下，用一个很小的力就能将其粉碎，其粒度可达到“超细微”的程度，因此可以生产“超细微食品”。该技术特别适用由于油分、水分等缘故很难在常温中粉碎的食品，如肉类、水果蔬菜等，或者在常温粉碎时很难保持香味成分的香辛料。

3. 冷冻干燥

冷冻干燥又称冷冻升华干燥，即湿物料先冻结至冰点以下，使水分变成固态冰，然后在较高的真空度上，将冰直接转化为蒸汽使物料得到干燥。如加工得当，多数可长期保存而且不会改变原有的物理、化学、生物学及感观性质，需要时加水，可恢复到原来形状和结构。如蒜片的低温干燥技术。

4. 冷冻浓缩

冷冻浓缩是利用冰与水溶液之间的固液平衡原理，将稀溶液中作为溶剂的水冻结并分离冰晶，从而减少溶剂使溶液增浓。食品冷冻浓缩技术应用广泛，对热敏性食品的浓缩特别有利，从速溶咖啡逐渐扩展到水果蔬菜、饮品、汤料、调味品、保健食品等领域。

(六)膜分离技术

用天然或人工合成的高分子薄膜，以外界能量或化学位差为推动力，对溶质和溶剂进行分离、分级、提纯和富集的方法，具有效率高、质量好、设备简单、操作容易等特点。目前主要应用的膜分离技术有超滤、反渗透和电渗析 3 种，前 2 种是靠压力差推动，后者靠电位差推动。膜分离技术在食品废水治理、果蔬汁饮料浓缩、混合植物油分离等方面已经成功地得到了应用。

此外，生物工程技术、超微粉碎技术、无菌包装技术等，也能在安全食品的加工中应用。

二、食品生产加工管理的方法

（一）完善食品安全管理体系

食品制造业应进一步优化产业布局，改进食品工业结构的调整和优化升级，提升技术，淘汰落后产能。在企业进行新技术、新标准、新质量安全管理体系的推广，鼓励和引导食品企业实施好危害分析、良好生产规范、关键控制点等先进食品安全管理制度，建立食品安全控制关键岗位责任制，在食用油、饮料、配制酒、肉制品、粮食加工品、食糖、茶叶等重点品种食品生产企业中推行。

（二）建立属于企业内部的食品安全管理体系

企业内部应该建立起符合自身企业产品生产类型与特点的安全管理体系，并且通过建立相关的食品安全管理小组、对产品进行深入细致描述、制作产品生产流程、现场进行流程确认、对其危害现象与原因进行分析、确定最终的关键控制点、建立相应的监控系统以及最终进行纠错和验证等完整环节，开展企业内部的食品安全管理体系落实工作。

（三）完善食品安全标准体系

食品安全标准是对食品安全保障的一种重要技术手段，也是国家食品安全法规的重要部分。我国应高度重视食品安全标准规范化的建设，加快建设与国际接轨的食品安全标准体系，积极开展对外交流合作和相关科学技术的研究；及时发布新的食品安全基础标准，补充和完善好食品添加剂、食品检测方法等食品相关的产品标准，加快对现行各类食品标准进行清理和整合，促进食品安全国家标准制定完善工作，优先做好各类急需标准的制修订工作，形成一个标准动态更新机制，提高科学性、完整性和适用性的食品安全标准。

参考文献

[1]林大河.绿色食品生产原理与技术[M].厦门:厦门大学出版社,2020.

[2]扈艳萍,白鸥.绿色食品生产控制[M].北京:中国农业大学出版社,2020.

[3]赖芳华.食品安全生产规范检查案例分析[M].昆明:云南科学技术出版社,2020.

[4]刘伟,冯英华.绿色食品原料标准化生产基地建设理论与实践[M].北京:中国农业出版社,2020.

[5]刘涛.现代食品质量安全与管理体系的构建[M].北京:中国商务出版社,2019.

[6]蒲云峰,张锐利,叶林.食品加工新技术与应用[M].北京:中国原子能出版社,2019.

[7]卢智,常乐.现代食品加工工艺及新技术的应用探究[M].北京:中国原子能出版社,2019.

[8]李进.烹饪营养与食品安全[M].重庆:重庆大学出版社,2022.

[9]董世荣,徐微,孙宇.食品保藏与加工工艺研究[M].北京:中国纺织出版社,2019.

[10]吕晓华,张立实.食品安全与健康[M].北京:中国医药科技出版社,2018.

[11]王卉.海洋功能食品[M].青岛:中国海洋大学出版社,2019.

[12]林建和,陈张华.畜产品加工技术[M].成都:西南交通大学出版社,2019.

[13]罗丽萍,江建军.食品加工技术[M].北京:高等教育出版社,2019.

[14]郭元新.食品安全与质量控制[M].北京:中国纺织出版社,2019.

[15]宋卫江,原克波.食品安全与质量控制[M].武汉:武汉理工大学出版社,2019.

[16]任静波,李敏敏.食品质量与安全[M].北京:中国质检出版社,2018.
[17]王晓晖,廖国周,吴映梅.食品安全学[M].天津:天津科学技术出版社,2018.
[18]吴鹏.论食品标准化对食品质量安全的保障[J].中国标准化,2022(6):75—77.
[19]韩国玮.食品加工与流通中的安全隐患研究[J].农业开发与装备,2020(07):42—43.
[20]朱鹏越.浅析食品添加剂的作用以及食品安全的重要性[J].食品安全导刊,2018(30):49—51.
[21]李九雪.质量技术监督对食品加工过程的影响[J].食品安全导刊,2019(09):42.
[22]王玲.浅谈食品标准化对食品质量安全的保障作用[J].食品安全导刊,2021(19):9.
[23]何业兴.食品标准化对食品质量安全保障探析[J].品牌与标准化,2021(6):84—85.
[24]潘思上.食品标准化与食品安全的相关分析[J].商品与质量,2021(31):284.
[25]徐乐君.食品标准化对食品质量安全的保障相关研究[J].福建质量管理,2020(3):160.
[26]骆杏仪.食品标准化在食品质量安全管理中的应用[J].食品安全导刊,2023(22):17—19.
[27]王成军,张晓惠.浅谈食品标准化对食品质量安全的保障[J].商品与质量,2019(48):225.
[28]彭方琳.浅谈食品标准化对食品质量安全的保障[J].食品安全导刊,2019(22):76—77.
[29]燕雯.建立和完善食品标准化体系更好地保障食品质量与安全[J].中国食品,2020(11):108—109.
[30]孟亚辉.食品标准化与食品安全的研究[J].中外食品工业,2021(10):47—48.